成 就 素 人 影 音 社 群 行 銷 的 新 藍 海

百萬粉絲
YouTuber
網紅的成功法則

零基礎也能學會的 私房密笈大公開

胡昭民 吳燦銘 著

- 從零開始建立紮實的影音行銷
- 逐步打造斜槓人生網紅淘金術
- 精確瞄準專屬受眾的集客技巧
- 清楚掌握觸及率翻倍贏家攻略
- 徹底分析流量暴衝的直播秘密

博碩文化

U0086819

作　　　者：胡昭民、吳燦銘
責任編輯：賴彥穎 Kelly

董 事 長：陳來勝
總 編 輯：陳錦輝

出　　　版：博碩文化股份有限公司
地　　　址：221 新北市汐止區新台五路一段 112 號 10 樓 A 棟
　　　　　　電話 (02) 2696-2869　傳真 (02) 2696-2867

郵撥帳號：17484299　戶名：博碩文化股份有限公司
博碩網站：http://www.drmaster.com.tw
讀者服務信箱：dr26962869@gmail.com
讀者服務專線：(02) 2696-2869 分機 238、519
（週一至週五 09:30 ～ 12:00；13:30 ～ 17:00）

版　　　次：2021 年 11 月初版

建議零售價：新台幣 560 元
ＩＳＢＮ：978-986-434-924-1（平裝）
律師顧問：鳴權法律事務所 陳曉鳴 律師

百萬粉絲 Youtuber 網紅的成功法則

本書如有破損或裝訂錯誤，請寄回本公司更換

國家圖書館出版品預行編目資料

百萬粉絲 YouTuber 網紅的成功法則 / 胡昭民、吳燦
銘著 . -- 初版 . -- 新北市：博碩文化股份有限公司，
2021.11
　　面；　公分
ISBN 978-986-434-924-1(平裝)

1. 網路產業 2. 網路行銷

484.6　　　　　　　　　　　　110017468

Printed in Taiwan

博碩 粉絲團　歡迎團體訂購，另有優惠，請洽服務專線
(02) 2696-2869 分機 238、519

序　言

　　影音行銷是近年來網路消費者導流的重要方式，隨著社群影音內容播放機制的建立與開放，特別是在 YouTube 社群媒體中，影片不但是關鍵的分享與行銷媒介，更開啓了大眾素人影音社群行銷的新藍海。YouTube 是影片分享平台，任何人都可以尋找有興趣的影片主題。除了欣賞 YouTube 影片外，你也可以將自製的影片上傳到 YouTube 平台上與他人分享。

　　隨著智慧型手機蓬勃發展後，越來越多人喜歡做自媒體，因為「人氣能夠創造收益」稱得上是經營 YouTube 頻道的不敗天條，所謂流量即人潮，人潮就是錢潮，YouTuber 們也如雨後春筍般冒出。YouTuber 是指經營 YouTube 頻道的影音內容創作者，對於聲量高的 YouTuber 也通稱為網紅（Internet Influencer）。

　　網紅是經過長期的名聲累積與經驗養出一批專屬受眾的 YouTuber，除了必須在YouTube 平台上具有相當人氣外，還要具備能夠把個人特色轉化為商業品牌價值的能力，過去網紅在 YouTube 社群上所建立的人脈和信用，如今成為可以讓網紅們將商品變現的行銷手法。當更多觀眾加入觀看行列，將支撐網紅的各種創作，也就是說，網紅就代表著這些分眾社群的意見領袖。

　　網紅 YouTuber 的興起對品牌行銷來說是個絕佳的機會，因此網紅行銷（Influencer Marketing）算是各大品牌近年來最常使用的行銷手法。本書詳實介紹影片製作技巧及如何成為 YouTuber 網紅相關的主題及重要觀念，全書精彩篇幅包括：

- 視覺化影音社群行銷的黃金入門課
- 地表最強的 YouTuber 網紅淘金術
- YouTube 影片製作的集客心法
- 課堂上學不到的網紅工作私房密笈
- 讓粉絲甘心掏錢的直播搶錢術
- YouTube 流量暴衝與 SEO 贏家攻略
- 影片加字幕的達人必學神器
- 老鳥鐵了心都要懂得最夯網路行銷與 YouTuber 專業術語

　　為了讓讀者成為一位可以擄獲百萬粉絲的 YouTuber 網紅，除了提供最新影音社群行銷的相關資訊外，對於一些影片拍攝、剪輯、後製、上傳、行銷、數據分析、獲利管道…等工作術，也會以實作的方式來加以呈現，期許幫助各位能成為一位有吸引力的 YouTuber。這些精彩的主題包括：YouTube 社群平台簡介、上傳影片、壓縮影片、YouTube 工作室、網紅行銷、理財潛規則、廣告分潤、Premium 會員收益、影片首映、超級留言、超級貼圖、非官方獲利管道、YouTuber 設備、影片製作、影片成效、攝影技巧、OpenShot 剪輯工具、專屬頻道建置、頻道管理、影片行銷、播放清單、資訊卡、YouTube 直播、頻道數據分析、社群連結操作、YouTube SEO 優化技巧、影片加字幕、進階加字幕工具 -ArcTime Pro 軟體…等。

　　本書儘量輔以最簡潔實務的介紹方式，期許各位以最輕鬆的方式了解這些工作技巧，筆者深切期盼以嚴謹的態度，搭配圖說做最精要的表達，期望大家降低閱讀的壓力，輕鬆掌握影音行銷宣傳的要訣。

目 錄

·03· YouTube 影片製作集客心法 049
CHAPTER

·06· YouTube 流量暴衝與 SEO 贏家攻略 143

·07· 影片加上字幕的達人必學神器 173
CHAPTER

·A· 老鳥鐵了心都要懂得最夯網路行銷與 YouTuber
APPENDIX
專業術語 189

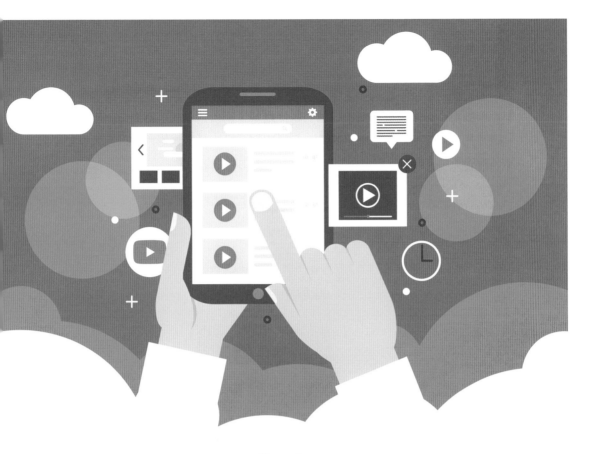

影音社群行銷的黃金入門課程

時至今日,我們的生活已經離不開網路,網路正是改變一切的重要推手,而與網路最形影不離的就是「社群」。社群的觀念可從早期的 BBS、論壇,一直到部落格、YouTube、Twitter(推特)、Facebook、Instagram、LINE 或者微博,主導了整個網路世界中人跟人的對話,網路傳遞的主控權已快速移轉到用戶手上。

　　由於網路科技不斷進步之下，網路行銷的產業變動非常的迅速，靜態廣告轉化為動態的影片行銷已成為勢不可擋的時代趨勢，影片是一個更容易吸引用戶重視的呈現方式，換句話說，在網路瀏覽的各種內容，絕大多數是影片，現在大家都喜歡看有趣的影片，影音視覺呈現更能直接有效吸引大眾的眼球。

前美國總統川普經常在
推特上發文表達政見

▲ 我們的生活已經離不開網路社群

　　在這個講究視覺體驗的年代，影音行銷是近十年來才開始成為網路消費者導流的重要方式，每個行銷人都知道影音社群行銷的重要性，比起文字與圖片，透過影片的社群傳播，更能完整傳遞品牌資訊，還能夠快速建立店家與消費者間的信任，影音的動態視覺傳達可以在第一秒抓住眼球，隨著社群影音內容播放機制的建立與開放，特別是在 YouTube 社群媒體中，影片不但是關鍵的分享與行銷媒介，更開啟了大眾素人影音社群行銷的新藍海。

▲ 素人網紅蔡阿嘎，坐擁百萬的龐大粉絲群

1-1
YouTube 社群簡介

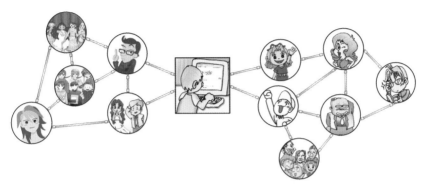

▲ 社群網路的網狀結構示意圖

「社群」最簡單的定義，可以看成是一種由「節點」（Node）與「邊」（Edge）所組成的圖形結構（Graph），其中節點所代表的是人，至於邊所代表的是人與人之間的各種相互連結的多重關係，新的成員又會產生更多的新連結，節點間相連結邊的定義具有彈性，甚至於允許節點間具有多重關係，整個社群所帶來的價值就是每個連結創造出價值的總和，進而形成連接全世界的社群網路。

🔲 編輯小技巧

社群網路服務（SNS）是 Web 體系下的一個技術應用架構，基於哈佛大學心理學教授米爾格藍（Stanley Milgram）所提出的「六度分隔理論」（Six Degrees of Separation）來運作。這個理論主要是說在人際網路中，平均而言只需在社群網路中走六步即可到達，簡單來說，這個世界事實上是緊密相連著的，只是人們察覺不出來，地球就像 6 人小世界，假如你想認識美國總統川普，只要找到對的人在 6 個人之間就能得到連結。

根據 Yahoo 的最新調查顯示，平均每月有84%的網友瀏覽線上影音、70%的網友表示期待看到專業製作的線上影音。YouTube 是目前設立在美國的一個全世界最大線上影音網站，也是繼 Google 之後第二大的搜尋引擎，在 YouTube 上有超過 13.2 億的使用者，每天的影片瀏覽量高達50億次，使用者可透過網站、行動裝置、網誌、社群網站和電子郵件來觀看分享各種五花八門的影片，全球使用者每日觀看影片總

時數超過上億小時，在這波行動裝置熱潮所引領的影片行銷需求，已經成為現代人生活中不可或缺的重心。

▲ YouTube 目前已成為全球最大的影音社群網站

　　任何人只要擁有 Google 帳戶，都可以在 YouTube 平台上傳與分享個人錄製的影音內容，各位可曾想過 YouTube 也可以是店家的行銷利器嗎？因為透過影片的傳播，更能完整傳遞商品資訊，當店家或品牌想要在網路上銷售產品時，利用影片以三百六十度方式來呈現產品規格，動態視覺傳達可以在第一秒抓住眼球。YouTube 作為影片社群鼻祖，不但是分享影音的平台，更改變了生產、分發和消費媒體的架構，也是品牌進行溝通的重要管道，還可以拿來投放商業廣告。

YouTube 廣告效益相當驚人！紅色區塊都是可用的廣告區。

1-1-1　認識網路消費者

　　網際網路的迅速發展改變了店家與顧客的互動方式，創造出不同的行銷與服務成果，傳統消費者的購物決策過程，是由廠商將資訊傳達給消費者，並經過一連串心理的決策活動，最後才付諸行動，稱為 AIDA 模式，主要是期望能讓消費者滿足購買的需求，所謂 AIDA 模式說明如下：

- **注意（Attention）**：網站上的內容、設計與活動廣告是否能引起消費者注意。
- **興趣（Interest）**：產品訊息是不是能引起消費者興趣，包括產品所擁有的品牌、形象、信譽。
- **渴望（Desire）**：讓消費者看產生購買慾望，因為消費者的情緒會去影響其購買 為。
- **行動（Action）**：使消費者產立刻採取行動的作法與過程。

　　全球網際網路的商業活動，仍然在持續高速成長階段，也促成消費者購買行為大幅度改變，根據各大國外機構的統計，網路消費者以 30 ～ 49 歲男性為領先，教育程度則以大學以上為主，充分顯示出高學歷與相關專業人才及學生，多半是網路購物主要客群。相較於傳統消費者來說，隨著購買經驗的增加，網路消費者會逐漸積購物經驗，而這些購物經驗會影響其往後的購物決策，網路消費者的模式就多了兩個 S，也就是 AIDASS 模式，代表「搜尋（Search）產品資訊」與「分享（Share）產品資訊」的意思。

▲ 搜尋與分享是網路消費者的最重要特性

　　例如各位平時有沒有一種體驗，當心中浮現出購買某種商品的慾望，當對商品不熟時，通常會不自覺打開 Google、臉書、Line 或搜尋各式社群平台，搜尋網友對購買過這類商品的使用心得或相關經驗，購物者通常都會投入很多時間在產品搜尋的過程，特別是年輕購物者都有行動裝置，很容易用來尋找最優惠的價格，所以搜尋（Search）是網路消費者一個很重要特性，因此搜尋引擎與社群平台是引導用戶發現產品資訊的重要媒介。

事實上，消費者逐漸也習慣在 YouTube 上尋求商業建議，例如你有可能會在 YouTube 上面搜尋相關產品的開箱影片。如果滿意的話，就會立即掏腰包購買，好的廣告影片就如同生動的演講家，說到心坎處，自然也能引人入勝。此外，喜歡分享（Share）也是網路消費者的另一種特性之一，網路最大的特色就是打破了空間與時間的藩籬，與傳統媒體最大的不同在於「互動性」，由於大家都喜歡在網路上分享與交流，分享（Share）是行銷的終極武器，除了能迅速傳達到消費族群，也可以透過消費族群分享到更多的目標族群裡。

編輯小技巧

根據國外最新的統計，88% 的消費者會被社群其他用戶的評論所影響，表示 C2C（消費者影響消費者）模式的力量愈來愈大。社群商務（Social Commerce）的定義就是社群與商務的組合名詞，透過社群平台獲得更多顧客，由於社群中的人們彼此會分享資訊，相互交流間接產生了依賴與歸屬感，並利用社群平台的特性鞏固粉絲與消費者，不但能提供消費者在社群空間的討論分享與溝通，又能滿足消費者的購物慾望，更進一步能創造企業或品牌更大的商機。

1-1-2　SoLoMo 模式

近年來公車上、人行道、辦公室，處處可見埋頭滑手機的低頭族，隨著愈來愈多社群平台提供了行動版的行動社群，透過手機使用社群的人口正在快速成長，形成行動社群網路（Mobile social network），這是一個消費者習慣改變的重大結果，當然有許多店家與品牌在 SoLoMo（Social、Location、Mobile）模式中趁勢而起。

所謂 SoLoMo 模式是由 KPCB 合夥人約翰、杜爾（John Doerr）2011 年提出的一個趨勢概念，強調「在地化的行動社群活動」，主要是因為行動裝置的普及和無線技術的發展，讓 Social（社交）、Local（在地）、Mobile（行動）三者合一能更為緊密結合，顧客會同時受到社群（Social）、本地商店資訊（Local）、以及行動裝置（Mobile）的影響，代表行動時代消費者會有以下三種現象：

- **社群化（Social）**：在行動社群網站上互相分享內容已經是家常便飯，很容易可以仰賴社群中其他人對於產品的分享、討論與推薦。

- **本地化（Local）**：透過即時定位找到最新最熱門的消費場所與店家訊息，並向本地店家購買服務或產品。

- **行動化（Mobile）**：民眾透過手機、平板電腦等裝置隨時隨地查詢產品或直接下單購買。

▲行動社群行銷提供即時購物商品資訊

例如各位想找一家性價比較高的餐廳用餐，透過行動裝置上網與社群分享的連結，然而藉由適地性服務（LBS）找到附近的口碑不錯的用餐地點，都是SoLoMo最常見的生活應用。

▶ 編輯小技巧

「適地性服務」（Location Based Service，LBS）或稱為「定址服務」，就是行動領域相當成功的環境感知的種創新應用，就是指透過行動隨身設備的各式感知裝置，例如當消費者在到達某個商業區時，可以利用手機等無線上網終端設備，快速查詢所在位置周邊的商店、場所以及活動等即時資訊。

1-2

進入 YouTube 的異想世界

YouTube是影片分享平台，也是全球最大的線上視頻服務提供商，使用者可透過網站、行動裝置、網誌、臉書和電子郵件來觀看分享各種五花八門的影片。如果

說 Google 是世界最大的網路知識百科全書，那麼 YouTube 無非就是最大的線上影音教學平台了。如果各位想要有更多店家或品牌曝光的形式及管道，利用 YouTube 做影音行銷可說是一大趨勢。想要進入 YouTube 網站，除了輸入它的網址外（https://www.youtube.com/），如果你有登入 Google 帳戶，可以 ::: 鈕下拉，直接進入個人的 YouTube。

1-2-1 影片欣賞

當各位進入 YouTube 後，在左側的「首頁」會顯示 YouTube 為您推薦的影片，或是你有訂閱的影片，方便你快速觀賞。只要點選縮圖，即可進行觀賞。

❷影片播放中

1-2-2　全螢幕／戲劇模式觀賞

如果正在瀏覽有興趣的影片時，由於預設值的畫面周圍還有其他的資訊會影響觀看的效果，這時不妨選擇「戲劇模式」或「全螢幕模式」鈕來取得較佳的專心觀賞模式。

目前顯示為戲劇模式

按此鈕切換到全螢幕模式

按此鈕顯示戲劇模式

1-2-3　訂閱影音頻道

　　各位對於某一類型的影片或是針對某一特定人物所發佈的影片有興趣，可以考慮進行「訂閱」的動作，這樣每次有新影片發佈時，你就可以馬上觀看而不會錯過。

按此鈕進行訂閱

1-2-4　影片稍後觀看

　　有些影片看到正精彩的地方，卻臨時有事情要先處理，不得不關閉影片。那麼可以從「儲存」的功能中選擇「稍後觀看」的選項，這樣等有空的時候再來欣賞。

❶按下「儲存」鈕

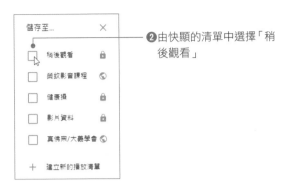

❷由快顯的清單中選擇「稍後觀看」

設定完成後，下回開啓 YouTube 網站，由左上角 ☰ 鈕下拉，選擇「稍後觀看」的選項，就會看到先前所加入的影片。

❶按此鈕

❷選擇「稍後觀看」的指令

❸這裡顯示先前未觀看完的影片

1-2-5 影片搜尋技巧

在 YouTube 平台上，任何人都可以尋找有興趣的影片主題，要搜尋影片是相當簡單，只要輸入所要查詢的關鍵字，查詢結果會先跑出完全符合或部分符合關鍵字的影片

❶在此輸入要搜尋的關鍵字

❷底下跑出一堆完全符合或部分符合關鍵字的影片！

　　如果各位想要更精確的搜尋結果，建議先輸入「allintitle:」，後面再接關鍵字，就會讓搜尋結果更符合你所要搜尋的結果。

1-2-6　自動翻譯功能

　　當觀看外國影片時，特別是非英語系的國家，可能完全都聽不懂它在講什麼，事實上 YouTube 也有提供翻譯的功能，能把字幕變成你所熟悉的語言。以下以自動翻譯成 - 繁體中文做說明。

❷按下「設定」鈕，下拉選擇「字幕」，再選擇「自動翻譯」指令

❶先按此鈕使顯現預設字幕

❸再點選「中文（繁體）」的選項

❹字幕已變更為中文囉！

1-3

上傳影片至 YouTube

　　除了欣賞 YouTube 上面的各式各樣影片外，你也可以將自製的影片上傳到 YouTube 平台上與他人分享。在上傳影片時，YouTube 還提供許多實用的後製功能，甚至可以為自製影片新增結束畫面與資訊卡，善用「結束畫面」可增加點閱率，同時建立忠實的觀象，而「資訊卡」可宣傳影片或網站。如果你的影片是要進行品牌行銷，那麼這樣的功能千萬別錯過。

結束畫面

　　影片結束前，直接點選影片上的縮圖，就可以繼續觀看同品牌同類型的影片。

資訊卡

　　影片開始播放時在右上角會顯示建議的影片，滑鼠移入圖示時會顯示的提供者，而按下圖示鈕將顯示的影片資訊。

1-3-1 壓縮影片功能

各位使用視訊剪輯軟體所輸出的影片檔，通常檔案容量都非常大，以 1280 x 720 的影片尺寸為例，10 分鐘的影片大概就要 300 MB 以上，這樣的檔案量在上傳時要花費不少時間，而且不利用傳輸，所以最好能利用壓縮程式將檔案壓縮後再進行上傳。

各位不妨上網去搜尋 VidCoder 軟體，這是一款免費又好用的轉檔程式，而且支援多國語言，下載後進行安裝，再依照以下方式將檔案進行壓縮。

❶點選「開啟來源」，下拉選擇「開啟視訊檔」指令

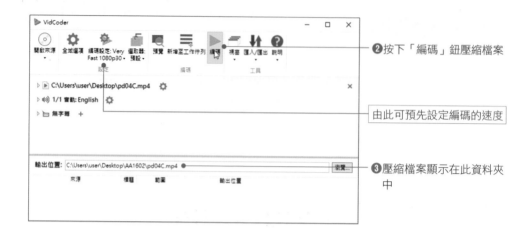

❷按下「編碼」鈕壓縮檔案

由此可預先設定編碼的速度

❸壓縮檔案顯示在此資料夾中

　　300 MB 的影片經過壓縮後，就只有 20 MB 左右，各位不妨多加利用，以便網路上的傳輸。

1-3-2　上傳影片初體驗

　　請登入 Google 個人帳戶，並選擇進入 YouTube 程式後，由右上角按 ■▸ 鈕即可進行影片的上傳。上傳影片之前，有幾項設定內容先跟各位做說明：

標題 / 說明

　　上傳時您需要輸入影片的「標題」和「說明」文字，說明文字是影片的關鍵字，讓觀眾可以透過搜尋功能找到你的影片，因此盡可能將關鍵字放在說明文字的最前面。「標題」和「說明」的資訊有助於觀眾較容易搜尋到你的影片。

影片縮圖

　　上傳影片時，通常 YouTube 會自動由影片中生成三個縮圖供您選用，你可以直接點選縮圖來表達你的影片內容，萬一自動生成的三個縮圖都無法表達影片主題，就可以透過「上傳縮圖」鈕來上傳合適的圖片。

播放清單

　　所謂的「播放清單」就是影片的合輯，你可以指定影片顯示在某特定的播放清單之中，讓觀眾更快速找到你的內容。只要點選「播放清單」鈕進入選單中，就可以「新增播放清單」或是在已加入的清單中進行勾選。

目標觀眾

確認你的影片是否是為兒童所打造的影片。如果影片設成「為兒童打造」，當觀眾在收看其他適合兒童觀看的影片時，系統就比較有可能推薦你的影片，但是為兒童打造的影片就無法使用個人化和通知的功能。

標記

如果觀眾經常使用錯別字搜尋你的影片，可利用「標記」來增加觀眾找到影片的機率，否則標記對影片的曝光率沒有太大助益。

語言與字幕

用以選擇影片所使用的語言，也可以進行字幕的上傳。

授權和發布

設定授權的類型和發布方式。在授權部分有「標準 YouTube 授權」和「創用CC- 姓名標示」兩種，通常都是選用前者。而發布可設定是否允許他人在網站上嵌入你的影片，或是發布至訂閱內容動態消息並通知你的訂閱者。用戶可依照喜好進行勾選。

了解以上幾個重點後，接著示範上傳影片的整個過程。

❸將壓縮後的影片檔拖曳
　至此鈕中

也可以按此鈕選取影片檔

❹輸入影片標題

❺輸入說明文字

這裡有影片的連
結網址，可自行
拷貝留存

❻點選適合的縮圖

沒有合適的縮圖就
按此鈕上傳圖片

❼按此設定所屬的
　播放清單

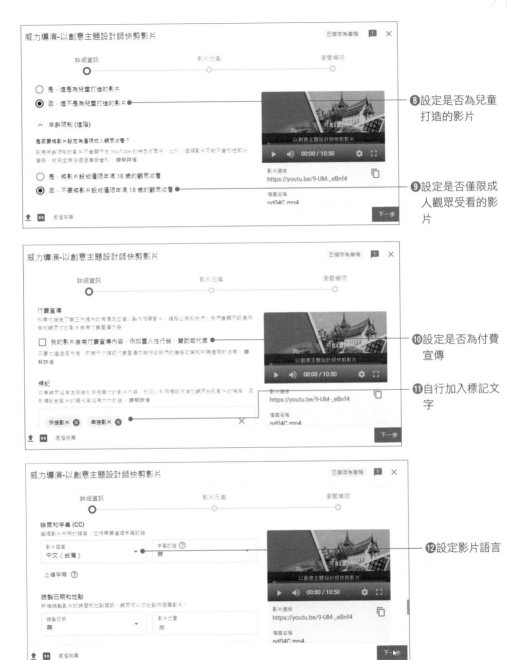

⑧設定是否為兒童打造的影片

⑨設定是否僅限成人觀眾受看的影片

⑩設定是否為付費宣傳

⑪自行加入標記文字

⑫設定影片語言

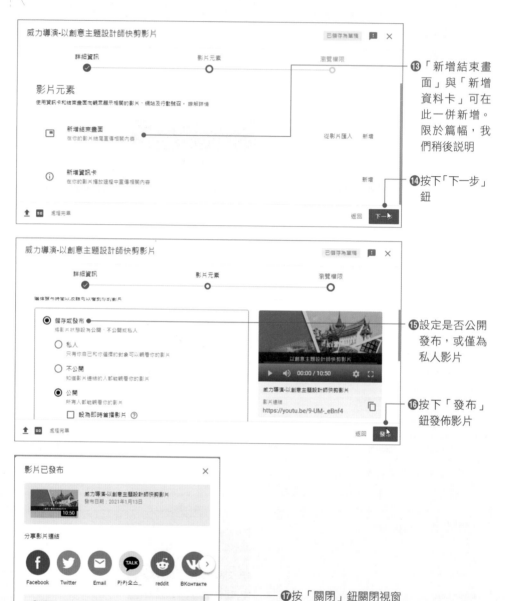

⑬「新增結束畫面」與「新增資料卡」可在此一併新增。限於篇幅，我們稍後說明

⑭按下「下一步」鈕

⑮設定是否公開發布，或僅為私人影片

⑯按下「發布」鈕發佈影片

⑰按「關閉」鈕關閉視窗

·02·

人氣爆棚的 YouTuber
斜槓人生淘金術

隨著智慧型手機蓬勃發展後，「看影片」與「錄影片」變得如同吃飯、喝水一般簡單，越來越多人喜歡做自媒體，「人氣能夠創造收益」稱得上是經營YouTube 頻道的不敗天條，因為 YouTube 每天都會有數十億以上的流量，所謂流量即人潮，人潮就是錢潮，YouTube 是目前全世界最大的網路影片共享平台，YouTuber 們也如雨後春筍般冒出。

▲ 王琪的「可可托海的牧羊人」從 YouTube 爆紅到上了央視春晚現場

　　所謂 YouTuber，是指經營 YouTuber 頻道的影音內容創作者，或稱為頻道主、直播主或實況主，尤其 YouTube 是全球性的平台，你在台灣做的影音內容，可能也會有美國、馬來西亞、泰國、香港等全球各地，可能都會擁有喜歡你的觀眾。在 YouTube 這個頻道裡頭，可以分享很多自己的知識與影音內容，並沒有任何規定要有多少訂閱數或流量才能稱為 YouTuber。對於聲量高的 YouTuber 也通稱為網紅（Internet Influencer），不但開拓新世代的網路資訊外，也拓展了品牌行銷的能見度。時至今日，無論你是學生、家庭主婦或者是有空的上班族，都紛紛以成為 YouTuber 為現代最夯的賺錢職業。

　　YouTuber 除了必須在 YouTube 平台上具有相當人氣外，還要具備能夠把個人特色轉化為商業品牌價值的能力，為什麼許多店家與品牌搶著用 YouTuber？因為他們是真正網路社群的「地下傳播司令」，不僅擁有豐厚的收入，同時還是網路上的風雲人物，這也是 YouTuber 為何能在這個時代大放異彩，而且肯定未來會扮演越來越重要的角色。

網紅行銷簡介

　　在行動世代來臨之後，越來越多的素人走上行動社群平台，虛擬社交圈更快速取代傳統銷售模式，這當然與行動裝置的高速發展與普及密不可分，為各式產品創造龐大的銷售網絡。「網紅行銷」（Influencer Marketing）算是各大品牌近年來最常使用的行銷手法，就像過去品牌找明星代言，主要是透過與藝人結合，提升商品與品牌價值，例如過去的遊戲產業很喜歡用的代言人策略，每一套新遊戲總是要找個明星來代言，花大錢找當紅的名人代言，最大的好處是會保證有一定程度以上的曝光率，不過這樣的成本花費，也必須考量到預算與投資報酬率。相對於企業砸重金請明星代言，YouTuber 的曝光率與收益逐漸追上明星的腳步，今天素人網紅的推薦甚至可以讓廠商業績翻倍，各大廣告廠商看中網紅經濟的趨勢，也紛紛將大量的資金投入網路平台上，逐漸地取代過去以明星代言的行銷模式。

▲ 張大奕是大陸知名的網紅代表人物，代言身價直追范冰冰

2-1-1　我愛網紅

▲ 阿滴跟滴妹國內是英語教學界的最知名的 YouTuber

　　所謂網紅就是已經通過市場考驗的 YouTuber，這些 YouTuber 們可能意外地透過偶發事件爆紅，或者經過長期的名聲累積與經驗養出一批專屬受眾的 YouTuber，當更多觀眾加入觀看行列，將支撐網紅的各種創作。過去網紅在 YouTube 社群上所建立的人脈和信用，如今成為可以讓網紅們將商品變現的行銷手法。對觀眾來說，網紅經常性地透過貼文、直播等各種方式與他們互動，不推銷東西的時候，平日是粉絲的麻吉，做生意時他們搖身一變成為網商品代言人，這股由粉絲效應所衍生的現象，能夠迅速將個人魅力做為行銷訴求，利用自身優勢快速提升行銷有效性，充分展現了網紅文化的蓬勃發展。

　　網紅 YouTuber 的興起對品牌行銷來說是個絕佳的機會點，因為社群持續分眾化，現在的人是依照興趣或喜好聚集，所關心或想看內容也會有所不同，網紅就代表著這些分眾社群的意見領袖，彼此的關係早就超越了螢幕的隔閡，反而容易讓品牌迅速找到精準的目標族群，還能透過內容行銷來對粉絲產生深度影響，憑藉這些粉絲群來達到定向行銷的最終目的。

▲ 網紅館長成功代言了許多運動相關產品

※圖片來源：https://www.YouTube.com/watch?v=fWFvxZM3y6g

2-1-2 　細說 YouTube 的理財潛規則

　　由於 YouTube 平台上每天都會有數十億的瀏覽量，透過 YouTube 平台除了可以讓自己的影片分享到世界每一個角落，通常能夠吸引到許多陌生觀眾點擊，間接造成影片曝光次數增加，如果透過 YouTuber 的「分潤機制」，就能得到為數可觀的獲利。大多數 YouTube 影片無論在開頭、中間或結尾都帶有廣告，只要有人看到這些廣告，上傳影片的 YouTuber 幾乎都會有收益，這就是 YouTube 推行的「分潤機制」，分潤方式（Profit Sharing）不是依據影片的觀看次數，而是觀看影片開頭或是中間插入的廣告，廣告商會依照廣告播放次數來支付廣告費給 YouTube。

 編輯小技巧

通常廣告出現 5 秒後便可以跳過，但觀眾一定要看滿 30 秒才有算有效廣告，這種廣告被稱為「True view」（真實觀看），YouTube 會向廣告主收費後，才會分潤給 YouTuber，這也是帶動網紅行銷的主要推手。

▲YouTube 分潤方式不是影片觀看次數，而是影片中廣告播放時間

今天任何人都可以在 YouTube 開一個屬於自己的頻道，一旦成為網紅 YouTuber，不僅可以得到知名度，還能靠著點閱率賺錢，「賺錢」應該是經營 YouTube 最吸引人的一個好處了，隨之而來的海量用戶增長和趨之若鶩的廣告主們，YouTuber 的知名度和吸金實力正在展現無限可能的同時，目前越來越多的人準備把 YouTuber 當作一門事業。不管各位是想換工作跑道，或是想增加額外收入，YouTuber 賺錢的方式有很多種，包括放廣告、廠商贊助業配、賣商品賺取收入等，大致上可以區分為官方（YouTube 廣告和合作夥伴計劃）與非官方的管道（贊助商和其他外部收入）來進行。

2-2
官方獲利管道

YouTube 近年來不斷想方設法擴充官方管道賺錢方式，從早期的靠廣告賺錢到讓粉絲「抖內」（贊助），可以說越來越多樣化。各位想要在 YouTube 官方管道賺錢，只要你能提供的價值越大，加上內容要吸引觀眾，上傳的影片可能在第一天就開始賺錢。不過一開始你要先累積訂閱人數和觀看總時數，接下來就是加入 YouTube 的合作夥伴計畫（YouTube Partner Program，簡稱 YPP），不僅能讓粉絲與 YouTuber 有更多互動，YouTuber 也能從粉絲的喜愛與支持中獲得實際的回饋。

▲ YouTube 合作夥伴（YPP）計畫說明網頁

　　YouTube 合作夥伴計畫（YouTube Partner Program，YPP）能讓頻道主與 YouTube 成為利益共生的合作夥伴，真正開始透過影片內容達到營利目的，加入 YouTube 合作夥伴計畫（YPP）的基本門檻，就是新手必須擁有 1000 人以上的訂閱粉絲，並且在過去 12 個月當中，影片被觀看的影片總時數必須達到 4000 小時以上，這樣才能獲取成為 YPP 的門票。通過 YPP 之後，YouTuber 不僅可以使用更多 YouTube 資源和功能，也能透過內容中放送的廣告開始獲得收益分潤與開啟其他多種收益管道。

▲ 通過 YPP 之後，YouTuber 就可以開始分錢了

編輯小技巧

當你年滿 18 歲，訂閱人數也超過 10,000 人時，就可以在自己的頻道頁面開設自家品牌的商品專區，在影片中向觀眾展示最多達 12 種商品。觀眾只需點擊這些被展示的商品就能進行購買，不過目前並不是所有國家的觀眾都可以看到可以在你的頁面中販賣自家商品！

2-2-1　YouTube 廣告分潤

　　經營 YouTube 賺錢的方式有許多種，最基本也是最常見的就是 YouTube 廣告收益，一支影片只要具備優質的廣告行銷條件，就有更多機會被 YouTube 演算法看中，因為對 YouTuber 來說，沒有廣告，等同宣告他們拿不到分潤。事實上，對於大多數的 YouTuber 和頻道而言，平台的廣告分潤會是最主要的收入來源。YouTube 廣告挑選模式源自於 Google Adsense，當各位加入 YPP 後，記得要先去申請 AdSense 的帳戶，然後將 AdSense 的帳戶連結你的頻道，Google Adsense 就會將你的影片置入廣告，只要有人觀看廣告你就有可能賺到錢。至於 YouTube 影片廣告又分為以下三種：

- 可略過廣告：5 秒後可選擇跳過廣告，必須觀看 30 秒以上才可分潤。
- 不可略過廣告：廣告時長 15-20 秒，不可略過。
- 串場廣告：廣告時長 6 秒左右，同樣不可略過。

 編輯小技巧

Google Adsense 是一項免費的廣告計劃，各種規模的網站發佈商都可以用自己的網站顯示內容精確的 Google 廣告，包辦所有 Google 的廣告投放服務，例如店家可以根據目標決定出價策略，選擇正確的廣告出價類型，對於降低廣告費用與提高廣告效益有相當大的助益，例如是否要著重在獲得點擊、曝光或轉換。

　　YouTube 在收取廣告費後，會先抽取這筆收入的 45% 作為服務費，而剩下的 55% 就會撥放給頻道主。YouTube 的廣告分紅通常根據 CPM 來定制，也就是千次曝光出價（Cost-per-mille，簡稱 CPM），CPM 越高你所得到的廣告收益就越高。

編輯小技巧

廣告千次曝光費用（Cost per Mille，CPM）：是指廣告曝光一千次所要花費的費用，這也是廣告商支付給 YouTube 打廣告的費用，CPM 越高，那你所獲得廣告收益就越多，就算沒有產生任何點擊，只要千次曝光就會計費，通常多在數百元之間。

　　在 YouTube 上想要透過廣告來源賺取收益，必須先啓用「營利」功能，請在進入你的頻道後，由右上角的圓形按鈕下拉選擇「YouTube 工作室」指令，接著從左上角的☰鈕下拉選擇「營利」指令。如果尚未達標，也可以讓 YouTube 在你符合資格的時候自動以電子郵件通知你。

編輯小技巧

YouTube 也提供 YouTuber 另一種「每千次觀看收益」（Revenue-per-mille，簡稱 RPM）收益方式，代表每 1,000 次影片觀看次數，你所賺取的收益金額，RPM 就是為 YouTuber 量身訂做的制度，是根據多種收益來源計算而得，也就是 YouTuber 所有項目的總瀏覽量，包括廣告分潤、頻道會員、Premium 收益、超級留言和貼圖等等，主要就是概算出你每千次展示的可能收入，有助於你瞭解整體營利成效。

$$RPM = 預估總收益 \div 觀看次數 \times 1000$$

2-2-2　頻道會員收入

　　YouTube 在 2018 年發布了頻道會員（Channel Memberships）制度，如果你的頻道訂閱人數超過 3 萬人，就有資格建立付費的頻道、粉絲們只要在你的影片下方按下「加入」鈕，就可以馬上成為付費會員。這項付費訂閱的功能可以讓你的特

定頻道需要付費才能觀看，會員收費制度的好處就是比廣告收益來的更穩定，頻道會員還可以制定等級，不同等級付費不同，但是都是按月支付！通常 YouTuber 可以獲取 70% 的訂閱收入，另外 30% 則由 YouTube 平台抽成，讓創作者能更專注產出優質內容來回饋會員，而會員也會成為更忠實的鐵粉。

按「加入」鈕可成為付費頻道的會員

▲ 特殊表情符號跟徽章的是由 YouTuber 自行提供

付費會員當然享有特別的影片體驗與會員專屬社區，例如該頻道的專屬內容、聊天室、獨特徽章與特殊表情符號、影片花絮、開放單支影片購買／租賃等好康的待遇，例如使用特殊符號回留言，就能讓頻道主更容易注意到你。

2-2-3　Premium 會員收益

Premium 會員制度也是 YouTube 目前主要推廣的項目，簡單的說就是無廣告的 YouTube 頻道，參加者都必須繳交固定費用，加入 Premium 的觀眾在觀看影片時不會播放廣告，也可以下載影片離線觀看，與背景播放不會被干擾。在台灣，一般觀眾可以先試用 2 個月，之後每個月支付 179 元即可，購買付費會員的費用將成為您與全體創作者的新收益來源，付費的會員會根據觀看內容的時間和次數，再依照比例提撥給 YouTuber，用戶觀看越多喜愛的頻道影片，頻道主就能賺取越多收益。

2-2-4　影片首映功能

　　影片首映功能（YouTube Premieres）就像是電影院的新片試映會一樣，可以事前先營造成粉絲對更新的影片有熱切期待，如果你的頻道訂閱人數有超過 1 萬人，就可以使用影片首播功能，這個功能可以讓你排定影片上傳的時間，並且提供你一個專屬的「到達頁」（Landing Page）。首播影片的觀賞畫面就會變成公開狀態，同時，聊天室也會事前開放出來，用來促進與粉絲間的互動，並且也能夠經由這個管道接受贊助，讓你為新影片拉抬聲勢。

🔘 **編輯小技巧**

網路上每則廣告或行銷訊息都需要指定最終到達的網頁，「到達頁」（Landing Page）就是使用者按下訊息後直接到達的網頁。由於所有的流量都會自該頁面「登陸」，特別是刊登關鍵字廣告與點擊連結後的到達頁有高度的關聯性，所以到達頁的好壞就會影響著「轉換率」。

　　有了首映功能，你就能排定影片上傳時間，並分享首播影片的觀賞頁面，為你的新作品大肆拉抬聲勢。YouTube 會在這些活動頁面打開聊天室功能，粉絲也能夠與 YouTuber 進行即時互動。YouTuber 也可以將觀賞畫面分享到其他的社群平台，然後提醒觀眾設定首播通知，而影片開播前 30 分鐘訂閱者可以收到觀看通知，讓觀眾提前準備，而首播時跟粉絲一起互動，就可以炒熱整個氣氛。

▲ 影片首映功能就像是電影院的新片試映會

2-2-5　超級留言（Super Chat）和超級貼圖（Super Stickers）

YouTube 在 2017 年推出了一個全新功能─超級留言（Super Chat），也使得 YouTuber 除了廣告及影片收入外，又多了一份額外收入。超級留言必須要在直播時才可以使用，只要捐贈少量金額給你喜愛的直播主，不但能夠增進與觀眾間的互動，留言還能以醒目顏色和置頂的方式出現在聊天室，做為一種贊助頻道主的表達方式。不過 YouTube 對於能使用超級留言的帳戶是有限制，首先 YouTuber 必須是已年滿 18 歲的成人，且頻道的訂閱人數至少超越 1,000 人的最低門檻，一年累積觀看時數必須達4,000 小時，超級留言的斗內則會讓 YouTube 抽三分之一左右。

超級貼圖也有類似的贊助功能，觀眾付費購買生動活潑的貼圖，不但能夠增進 YouTuber 與觀眾間的互動，在直播的留言區用它來表達支持頻道主的創作影片。

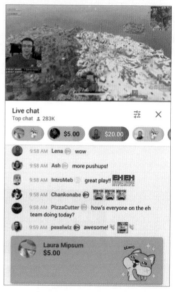

▲ 超級貼圖就是一些可愛活潑的貼圖

2-3
非官方獲利管道

各位首先要了解，想做 YouTube 是一種熱情，成為一個 YouTuber 和在 YouTube 上賺大錢還是有很大的差距，讚數和訂閱人數再多，都無法影響 YouTuber 的廣告收入，特別是當 YouTube 平台的規範越來越多，影片創作的門檻越提越高後，甚至影響其廣告分潤和頻道流量，除非你的影片瀏覽量驚人，不然不太可能只靠著廣告收益過生活！

▲ 有許多中介公司可以協助廠商和網紅成功執行業配模式

有不少 YouTuber 必須靠開發其他非官方獲利管道，來滿足自己期待的收益目標。例如可以選擇好的產品，然後利用你網紅的魅力在影片上進行推薦，只要在影片下方說明欄位來加入產品資訊，如果網友點擊產品的連結並完成交易，你就可以獲取傭金。當然，你也可以透過 YouTube 上面的直播功能，網路上吆喝拍賣東西賺錢，滿足自己的收益目標，接下來我們將要為大家介紹常見的非官方獲利模式。

2-3-1　網紅業配與團購主

近年來 YouTuber 充斥在現代人的生活中，她們分享每天吃喝玩樂的開箱文，主題十分豐富多元，就像是生活中的實用小百科。許多店家就會因為 YouTuber 的頻道內容和形象符合他們家的商品，就想贊助 YouTuber 拍片獲取更多曝光率，並順道推廣他們的產品。例如有些 YouTuber 一直專注在特定美妝時尚領域，並培養出一群熱愛美妝的粉絲，那肯定會吸引到不少美妝廠商來找你做業配（Advertorial），目的是希望能把產品的優缺點用力說出來，在潛移默化中影響眾多粉絲的購買行為。

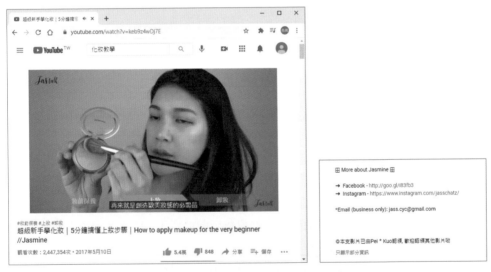

▲ 美妝網紅的該支影片已經由廠商認領

所謂「業配」是「業務配合」的簡稱，業配金額從數萬到上百萬都有，也就是商家付錢請電視台的業務部或是網路紅人對該店家進行採訪，透過電視台的新聞播放或網路紅人的推薦商品畢竟網紅的經濟命脈，最終仍建立於觀眾是否對他的影片買單。透過 YouTuber 的實際體驗心得，達成品牌置入性行銷目的，往往會產生較電視或媒體廣告更為打動人心的商品魅力，吸引更多的用戶對其趨之若鶩。相信很多

人都遇見過，明明看起來像是播放新聞，但實際上是為商家做廣告，觀看者不但能輕鬆查詢到商家的資料，相關商品資訊也是一清二楚。簡單來說，YouTuber 上的業配就是用影片來做生意的人：

▲影片的說明欄中提及影片包含分潤連結

　　利用 YouTube 賺錢的最大好處是不需要花大錢建來立商品網站，各位也可以在 YouTube 新建商品的頻道，透過 YouTube 直播功能在網路上直接拍賣商品，或是將你的影片連結位置提供給特定商家，這樣也可以收取固定月租費，有的影片在發布後為廠商帶來好的銷售成績，這樣的影片也有可能被廠商所認領。各位要分辨網紅的影片內容是否為業配，可以從 YouTube 影片左下方的資訊欄可以分辨出來。屬於業配的影片或貼文，網紅通常會將廠商的資訊或網址列入，或是在粉絲頁或 IG 貼文的底下會有關鍵字：

▲YouTuber 銷售商品的影片連結位置提供給特定商家

　　有業配當然就會有團購，「團購」在台灣是一種越來越普及的購物方式，團購市場的產值也是不容小覷，所謂團購就是集合一群想購買同款商品的人，透過大量訂購來跟廠商議價，達到買越多就省越多的商業模式。人氣大的 YouTube 頻道，不但是粉絲多，影響力也大，同樣身為 YouTuber 的你，運用自己的影響力擔任團購主角色，推薦產品給粉絲，請他們樓上揪樓下，一起來揪團團購買起來，而你就可以獲得一定抽成的「團購處理費」了。

▲ 業配幫忙團購已經是一種風潮

2-3-2　聯盟行銷賺錢

▲聯盟網是台灣第一個聯盟行銷平台

　　「聯盟行銷」（Affiliate Marketing）是一種高價值、低風險的行銷方式，在歐美已經是廣泛被運用的網路行銷模式，利用聯盟行銷可以吸引無數的網民為其招攬客人，每天 24 小時全年無休，成為銷售產品和服務以及發佈商為了賺取目標族群贏利的有效途徑，在沒有商品的情況下，YouTuber 當然也可以靠「分享」賺大錢，創造自己的多元收入，並得到應有的利潤，只需要了解產品，並且在網路上推廣即可，投入的是僅僅是時間成本，讓 YouTuber 們隨時都享有成交賺取獎金機會。

▲ 近年來 iChannel 通路王受到國內許多 YouTuber 歡迎

聯盟行銷可以幫助沒有產品的 YouTuber，就像經銷商品一般，不需進貨、囤貨，也不必先預支成本，直接從 iChannel 通路王或聯盟網之類的平台中選擇好的產品或服務，在 YouTube 上製作影片推薦產品，並且公開這個「你專屬的產品鏈結」（常會在 YouTube 描述欄看到），粉絲只要透過該授權碼的連結成交，順利達成商品銷售後，YouTuber 就會獲取佣金利潤。

▲ 聯盟行銷是一個 YouTuber 可以從零開始的賺錢管道

2-3-3　當遊戲直播主

　　現代人玩遊戲就是要抒發壓力，隨著影音行銷和宅經濟迅速發展，其實透過打遊戲也可以吸引更多的粉絲。當遊戲直播主算是目前在 YouTube 上最賺錢的操作模式之一，利用遊戲實況直播分享自己的操作心得和經驗，許多年收入超過億元台幣的世界級遊戲網紅都是靠這個起家。通常大部份知名遊戲直播主都有主要拿手的遊戲，這些遊戲多半是當紅遊戲，專注一款遊戲且發揮個人魅力，會更容易吸引到忠實的粉絲。來自美國 26 歲的遊戲實況主泰勒‧布萊文斯（Tyler Blevins），綽號叫「忍者（Ninja）」，他以遊戲《要塞英雄》（Fortnite）闖出名號，YouTube 頻道上有超過 1 千萬個追蹤者，他的影響力甚至讓許多國際知名大廠都找他合作。

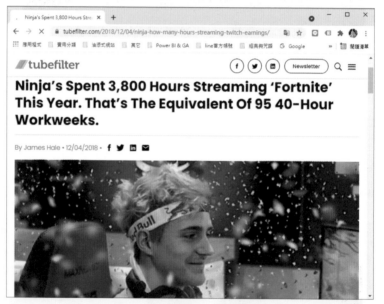

▲ 忍者也是遊戲直播平台 Twitch 上收入最高的 YouTuber

編輯小技巧

Twitch 遊戲社群最大特色就是直播自己打怪給別人欣賞，因此在全球遊戲類的流量在各種直播中拔得頭籌，真正讓電玩的實況轉播與消費邁向大眾化，Twitch 非常重視玩家的參與感，功能包括提供平台供遊戲玩家進行個人直播及供電競賽事的直播，每個月全球有超過 1 億名社群成員使用該平台，Twitch 也會讓實況主與公司分享廣告營收，有許多剛推出的新款遊戲，遊戲開發廠都會指定在 Twitch 上開直播，也提供聊天室讓觀眾們可以同步進行互動。

▲ Twitch 堪稱是遊戲素人實況直播的最佳擂台

2-3-4 粉絲抖內贊助

現在 YouTube 也可以透過粉絲贊助來賺錢，並且使用第三方行動支付，像是 PayPal 或歐付寶所提供的贊助帳號，在介紹影片的地方放上自己的贊助連結，來直接收取觀眾直接的抖內金額。

▲ PayPal 是全球最大的線上金流系統

 編輯小技巧

2004 年淘寶網開創支付寶，寫下第三方支付（Third-Party Payment）的新里程碑，讓 C2C 的交易不再因為付款不方便，買家不發貨等問題受到阻擾，在淘寶網購物，都是需要透過支付寶才可付，也支援台灣的信用卡刷卡，是很便利的一種付費機制。

第三方支付機制就是在交易過程中，除了買賣雙方外，透過第三方來代收與代付金流，不同的購物網站，各自有不同的第三方支付的機制，例如美國很多網站會採用 PayPal 來當作第三方支付的機制，在中國最著名的淘寶網，採用「支付寶」就是屬於第三方支付的模式。

2-4
YouTuber 生手的設備入門款

所謂「兵欲善其事，必先利其器！」對於有興趣準備成為 YouTuber 的生手而言，當然必須要先有一套基本攝錄設備。由於 YouTube 上的影片類型非常多元，可以各自依照不同主題選擇使用的設備。例如美妝 YouTuber 需要的是加強燈光、攝影設備與產出背景音樂內容的相關影片，所以對於麥克風、混音器等等收音設備就非常地要求，至於遊戲實況直播主為了能夠運行遊戲的同時並錄製影片，則需要性能好的與電腦攝影鏡頭，來確保影像畫質是否足夠提供粉絲完美的遊戲體驗。

▲ 美妝 YouTuber 必備的就是燈光設備

不少人認為當一個 YouTuber，需要購買昂貴的器材，才能拍出高質素的影片，如相機、麥克風、或者一台強大電腦才能進行拍攝和剪片之類。事實上，在經費有限的情況下，我們建議可以從手邊的能錄影的智慧型手機開始入門，特別是在人手一機的時代，從口袋中隨手拿出來，到哪都可以是你的影片拍攝點，甚至於只需要一台有螢幕錄影功能的手機、下載一個剪接的免費 App，還有配備麥克風的耳機，就能開始製作你自己的影片。設備當然不嫌多，越多越好的設備，當然拍攝出來的品質更高。各位如果想從零開始學習成為 YouTuber，後來再慢慢添購其他設備，我們建議至少具備以下基本配備。

2-4-1　智慧型手機

對於剛打算入門 YouTube 經營的人來說，其實用手機就非常足夠了，先不要太擔心畫質、穩定度、燈光、色差等太細節問題，現在許多手機的效能越來越好，手機其實就能成為拍攝影片的最佳配角，例如手機直播方便品質就很不錯，因為手機放在口袋裡，隨時拿出來立刻就可以拍攝，例如許多 YouTuber 平時拍攝影片或直播時都會用 iPhone 配上腳架或穩定器，固定好就可以馬上開麥拉取景。如果還想要拍攝動態影片，「穩定器」就很重要了，當然腳架、行動電源肯定也要準備好。

▲ 一款新型的 iPhone 手機＋網路就能打造 YouTuber 的入門款

2-4-2　相機

各位能夠擁有一部能紀錄下每個回憶片刻的相機，可以說是身為 YouTuber 的首要必備工具，身處於充滿影像傳遞的影音社群時代，影片吸睛最重要的就因素當然

是畫質了。如果想要吸引觀眾，就必須在你的影片內容上提供絕佳的畫質。隨著數位相機技術成熟，價錢也降得越來越便宜，至於各位在購買數位相機時，通常影響數位相機成像品質的因素有很多，例如鏡頭就是很重要的一個考量點。

▲ 數位相機一直是最熱門的 YouTuber 設備

　　各位如果預算充足，建議選擇較多 YouTuber 使用的相機，因為許多人使用間接也是一種 CP 值肯定，例如具有自動對焦鏡頭、支援夜景與弱光、翻轉螢幕、防手震等功能，讓追求速度的攝影愛好者，能輕鬆捕捉瞬間畫面。無論是專業或業餘網紅想拍出更高質感的影片，單眼相機是目前 YouTuber 愛用的主流相機，因為感光元件大，以畫質規格來說是所有相機裡面最好的選擇，如果要追求畫面高品質的話，單眼相機更是不二選擇。

▲ 這款相機讓自導自演自拍變得更加方便

2-4-3　運動型攝影機

　　各位如果平時錄影的機會比拍照多的話，又擔心手機拍出的畫質不夠好，拿一般單眼相機又太重，這時候運動型攝影機就最合適不過了。運動攝影機就是我們平時常見的 GoPro 攝影機，GoPro 其實是近年才開始流行的高畫質運動攝影機，不但十分輕巧穩定，也是許多人拍攝戶外生活第一個想到的攝影品牌，而且能夠避免拍攝時的高度晃動造成晃面呈現的不適感，不論各種刁鑽的視角都能輕易捕捉到。

▲ Gopro 兼具錄影及拍照的功能

2-4-4　麥克風

　　麥克風（Microphone）的主要功能將外界的聲音訊號，透過音效卡輸入到電腦中，並轉換成數位型態的訊號以方便錄音軟體進行處理。許多 YouTuber 在拍攝影片時，聲音部分是很容易被忽視的一環，麥克風聲音的清晰度絕對和粉絲的關注度成正比，不論是相機、手機錄完，如果收音沒做好，背景聲、雜音很多，畫面再好也會大打折扣。通常麥克風上千元的款式都很好用，形式包括領夾式、無線、藍芽、外接式都有，例如採訪、直播非常適合使用領夾式麥克風。

▲ 耳戴式麥克風具備可通話的便利功能

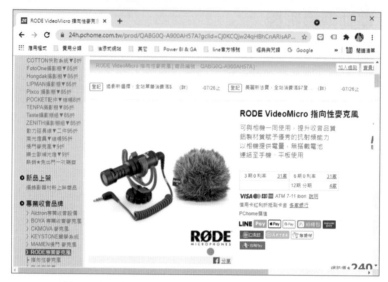

▲ 指向型麥克風可區分為「單一指向型」及「雙指向型」

　　我們建議 YouTuber 所使用的麥克風最好是「指向性麥克風」，好處是針對你要的方向進行收音，就算距離再遠一點還是有不錯的收音，因為可以降低周圍環境的雜音，收音品質也不錯，當然在麥克風前面最好架上防噴罩，然後把氣音擋下來，可以避免產生噴麥的情形。

2-4-5　補光燈

　　影片的質感除了要有清楚音訊以外，再來就是光線的掌握，因為不管是拍照還是錄影，其實最重要的並不只是工具，而是燈光效果，有經驗的 YouTuber 都知道，畢竟沒有打光的商品跟打光的商品，拍出來的呈現差很多。如果想要晉身稍微專業的直播主，補光燈算是直播必備的神器，因為手機在光線昏暗的情況下很容易會影響畫質，這時就需要隨身的補光燈上場，不但能讓錄影品質大幅提升，還可以幫忙調整亮度與色溫。

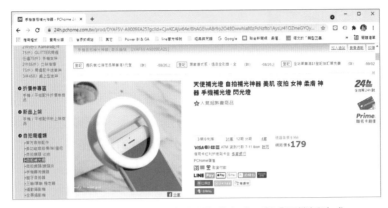

▲ 補光燈和手機的連接方式區分為「夾式」與「耳機插孔式」

2-4-6　耳機

專業的 YouTuber 肯定也會對耳機有所要求，耳機多半用於分辨位置，例如遊戲直播主 YouTuber 耳機必須具備多聲道的功能，因為清晰的音色表現與辨位的能力十分重要，遊戲的聲音、特效才會有身入其境的感覺，畢竟能不能聽到敵人的腳步聲也是影響勝負的關鍵，例如對於一些音樂成分較強的角色扮演遊戲或冒險遊戲，好的耳機絕對會有更出色的表現，至於挑選耳機的訣竅其實還是在聆聽者個人的習慣與喜好，倒是不必拘泥於價格較高的耳罩式耳機，例如無線藍牙耳機因體積小、沒有煩人的耳機線以及容易攜帶等特性，成為現代人必備的穿戴裝置，像 iPhone 手機附贈的耳機，效果就不錯用了。

▲ 耳機決定聽覺的舒適感，尤其在遊戲直播上更為重要

2-4-7　影片剪輯工具

　　網紅世代的快速崛起，讓不少人對影片剪輯也躍躍欲試，YouTuber 想要製作高品質的影音效果，除了影片內容必須具備一流水準，當然必須搭配優秀的影片剪輯工具。隨著智慧型手機的功能愈來愈多樣化，現在就算不用電腦，我們也能用手機快速剪接短片，不過比起手機，電腦與筆電的畫面不但大很多，影片處理和剪輯都方便太多了。YouTuber 要選擇影片剪輯工具，其中一項主要的決定因素就是作業系統，而一套可流暢運轉剪輯軟體、耐用流暢的剪片電腦或筆電便是必備的起步工具之一。功能強的桌機，至少要 3 萬 5 以上的售價，顯示卡、記憶體、主機板都不能太差，輸出、剪輯影片都非常夠用。通常會選擇以筆電作業的人，無非是考慮到便於隨身攜帶的優點，除了留意筆電搭載的顯示卡等級外，還要讓 GPU 維持高效輸出，由於要連接電源線進行操作，建議在後製階段盡量於能接電的場所使用，才能確保作業效率不受影響。

❷按「匯入媒體」鈕，下拉選擇「匯入媒體檔案」指令

❶點選「媒體工房」

▲ 威力導演內建 AI 智慧編輯工具

　　在這個人人都想成為 YouTuber 的年代，你必須短時間內掌握影片編輯的訣竅，目前實用的剪輯軟體非常多，有 Adobe Premiere、Final Cut、Sony Vegas、Final Cut Pro、威力導演、Olive Video Editor、Movavi…等等，不論用哪一個品牌，剛入門的生手最好以免費、能順手剪輯影片就是好！

YouTube 影片製作集客心法

在 YouTube 機制不斷推陳出新下，網路影音特性與豐富平台內容改變了現代人看影音的行為，不僅重新定義了影片生產和觀看方式，更創新出許多新興的服務與流行文化。YouTube 上所有的影音內容，無非希望能滿足讓各個層面的用戶，其中較受歡迎的影片類型，例如電玩遊戲、趣味搞笑、開箱影片、旅遊、DIY、分享美妝、運動賽事、舞蹈表演、3C 電子產品評論、烹飪和美容教學等。

▲ 理財類頻道很受觀眾歡迎

3-1

影片製作的熱身筆記

　　流量爆表是成為網紅的必備基本門檻，現代人總愛說：「有圖有真相。」只要在 YouTube 平台上影片能夠吸引人，就可能在短時間內衝出高點閱率，尤其是近幾年智慧型手機與平板的普及下，影片具備病毒式傳播特性下，更容易提升自家頻道或品牌的知名度。各位要成為一個訂閱破萬的 YouTuber，過程並不簡單，必須是創意構思、腳本、拍攝、剪輯、粉絲互動的全能通才，從開始的頻道主題選擇就是一道天人交戰的關卡，特別是人類天生就喜歡在意外的創意裡找樂趣，最好還能透過真正有哏的內容來對粉絲產生深度影響。

▲趣味搞笑影片永遠都能在 YouTube 榜單闖出一片天

※圖片來源：https://www.YouTube.com/watch?v=h5YK16DK7cM

　　YouTube 平台最看重的就是價值分享，千萬不要只看紛絲數量的多寡，一成不變的內容只會讓觀眾更快的感到厭倦，只要用心選定一個擅長的利基市場，針對專長與興趣來經營，最重要的是能為觀眾帶來真正價值，就有機會在 YouTube 平台上劃地為王。通常娛樂與生活相關的影音視頻是最容易成功，除了要盡力發揮個人特色以外，強烈風格與獨創的旁白圈粉外，誇張的演出風格和對主題獨特的見解，才能真正吸引到眾多粉絲觀看與共鳴。此外，在這個所有人都缺乏耐心的時代，許多人利用零碎時間上網看影片，誰會有興趣去看落落長的影片，影片必須把握在幾秒內就能保證吸人眼球。

▲新加坡旅遊局拍攝的溫馨感人旅遊行銷影片

現在影片要蹭流量，不打出情感牌，大家會笑你不懂行銷，越來越多的品牌熱衷於「帶著感情講故事」，特別是當把影片以述說一個故事的手法來呈現時，相較於一般的企業宣傳片，劇情內容更容易讓人接受。帶有感情梗的影片較於一般的宣傳影片，內容更容易讓閱聽者接受，許多消費者因此主動去搜索影片。例如大眾銀行在 2010 年推出的影片 - 母親的勇氣，描述一位完全不會英文的台灣鄉下母親，排除萬難獨自飛行三天，千里迢迢搭機到半個地球以外的委內瑞拉，只為了照顧坐月子的女兒，讓許多人看到熱淚盈眶，也成功打響了大眾銀行是關心市井小人物的不平凡的平凡大眾的品牌形象，這也是 YouTube 影片行銷小兵立大功的最好實例。

▲「母親的勇氣」影片帶來超高的點擊率

3-1-1　影片製作的前置作業

任何一部影片最好都要有一個訴求或想傳達的理念，我們要思考「什麼樣主題最適合自家頻道？」以及「要和粉絲表達些什麼？」，各位想要利用 YouTube 來達到獲利目的與宣傳效果，除了精彩內容創作之外，還必須配合如劇情鋪陳、後製剪片、添加特效、分鏡處理等前置作業。第一步當然必須了解製作影片的流程，這裡提供一些建議與做法供各位做參考，只有完整規劃內容，聚焦導引觀眾，同時注重整體氛圍的安排，才能在眾多的影片當中脫穎而出。流程簡要說明如右圖：

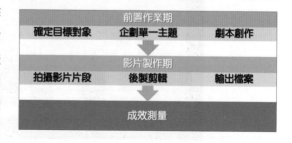

　　首先我們談到前置作業期，這段時期是影片實際開拍前的準備工作，這裡包含了以下三個重點過程。

確定目標對象

　　網紅高手都知道爆紅的不是影片本身，而是影片所觸發的感受體驗，我們對影片的創意比影片本身製作重要，製作影片之前，首先要確定你的目標對象，不管是年輕人、上班族、兒童、老年人。每個年齡層都有不同的喜好，當然傳達的方式也會迥然不同，例如對象是兒童，視覺表現就要活潑、快樂、可愛、俏皮，色彩表現也較為豐富鮮明。針對女性為對象，那麼甜美的、柔和的色調可能較為合適，柔性訴求較易被女性所接受。男性則以沉穩、氣派、成熟、穩重的視覺效果較為適宜。依照你的目標對象投放他們的喜好，這樣宣傳效果的成功機會比較高。

企劃主題方向

　　目前影片與觀眾溝通的方式不外乎二種：一種是以情感故事作為訴求，透過一系列的劇情來打動觀賞者的認同感，串聯起品牌行銷的故事，進而能與觀眾產生共鳴的內容更具傳播力。在一個大眾被影音內容淹沒的時代，獨創性是必要條件，本質上就是部另類呈現方式的廣告。娛樂仍是吸引觀眾主要的接受型式，我們知道一份影音行銷要能夠吸引人，除了視覺表現之外，愈是搞笑、趣味或感動人的情節，就愈容易吸引網友轉寄或分享，創造話題性及新聞價值，才能加深網友黏著度，最好就是要能夠說一個精彩故事，靠的正是故事性與網友的情感共鳴。

▲ 榮欽科技製作的油漆式速記法影音短片

另外一種方式則是透過主題式情節來完整闡述所要表現的目的和想法，透過置入性行銷來達到推廣其商品或服務的目的，讓原本的廣告模式既可以說想說的話題，又能夠達到產品的呈現。接下來章節我們將以「油漆式速記多國語言雲端學習系統」為主題，透過動態影片製作模式，把「用手機玩單字，走到哪玩到哪」的主題理念傳達出去，讓學生或上班族都可以透過智慧型手機，隨時隨地都能增加自己英文單字的能力。

3-1-2　劇本創作集錦

確定拍攝主題後，接著就是創作劇本。請留意！每支爆紅影片的劇本都至少包含一個核心元素，而且多半與我們周遭熟悉的事物有關，好的劇本可以幫助有效地架構這個企畫，從而創造出精彩的影音內容。通常一個主題可能會包含數個小單元，每個小單元所陳述的重點只有一個，並且要和主題相呼應才行。這裡以一個例子和大家做說明：

● **產品說明**：油漆式速記多國語言雲端學習平台

油漆式速記多國語言雲端學習平台（https://pmm.zct.com.tw/zct_add/），這是一套結合速讀和速記訓練，加上多感官刺激來達到超強記憶效果，讓記憶就像刷油漆一樣，凡刷過必留下痕跡。由於油漆式速記系統是一套兼具速讀、速記、測驗、趣味遊戲的軟體，為了讓目標族群可以在短時間內看到影片訴求的重點，我們將在影片中穿插字幕，讓觀賞者知道影片的重點是「用手機玩單字」。

我們還會在系列影片後方加入「油漆式介面導覽」的畫面，讓目標族群可以快速了解軟體所提供重要功能，期望這樣的情節安排與規劃，可以引起學生和上班族的共鳴，進而群起效仿，達到善用短暫時間來增強個人的單字量。

● **目標對象**：學生或上班族

- **企劃主題**：用手機玩單字，走到哪玩到哪，推廣手機版 App，讓學生或上班族可以透過智慧型手機，隨時隨地都能使用「油漆式速記速記訓練系統」來增加自己的外語單字能力。善用短暫的時間來記憶單字，讓單調乏味的單字在不知不覺中成為永恆的記憶。

- **劇本創作**：以小學生和上班族作為主角人物，號稱「單字二人組」。單字二人組不管是在麥當勞之類的餐飲店、文化中心之類的休憩場所，或是在捷運站、公車站⋯等交通場所等待交通工具時，都可以利用短暫的時間來速讀和測驗單字。

　　基於上述的規劃，因此一系列的影片將分別在餐飲店、休憩場所、交通站等地作拍攝，透過智慧型手機就可以馬上選擇單字範圍作速讀，並且馬上做測驗，以便了解單字記憶的情況，不熟悉或答錯的單字也可以馬上看到答案，增強用戶的印象。透過這樣平凡的生活情節，讓觀賞者產生共鳴，日積月累的輕鬆記下大量的單字。

　　這些前置的工作都可以先行在紙上作業，把相關的問題與取景角度都構思完成後，再依照計畫來進行資料的收集與拍攝工作。各位最好利用「分鏡表」將劇情腳本表現出來，分鏡腳本好比建築物的設計圖，它是一部影片製作的藍圖。一部影片就是從一個個分鏡串連而成，你可以使用繪圖分鏡，也可以只用文字進行說明，其目的是用來說明各鏡頭的構圖、框景、攝影機運動方向、甚至轉場方式⋯等，就是看拍攝題材決定有幾種鏡位，通常可以先畫簡單的分鏡圖。

　　從大製作的電影到一則小型的網路影片，都可依據分鏡表來進行拍攝，不但可確保故事與鏡頭的流暢，也可以作為與工作人員溝通的橋梁，讓意見的分歧降到最低，對於日後的剪輯效率也能夠提升。

分 鏡 腳 本

休憩簿：文化中心

編號	鏡頭說明	聲音說明	畫面說明	特殊技巧	分/秒
1			標題顯示	畫面淡入	
2		用手機玩單字，走到哪玩到哪。	在文化中心前國秀出手機。		
3		我是四年級學生。我是上班族。	鏡頭帶到小學生和上班族特寫。		
4			鏡頭帶到遊戲畫面，小學生開始進行速讀，接著進行測驗。		
5			測驗成績出爐，100分。		
6			小學生和上班族特寫兩鏡頭，皆露出勝利的表情和手勢。		
7			顯示「圖像式速記法」是你最佳的選擇。		

分鏡表可作事前周詳的
考慮，確保在後製剪接
時，精確的傳達主題

　　這個影片重點就在於「用手機玩單字，走到哪玩到哪」，期望這樣的情節規劃可以引起學生和上班族的共鳴，進而群起效仿，達到善用短暫時間來增強個人的單字量。我們建議標題和開場白越短越好，最好不超過 5 秒，像這樣類似的教學內影片，也可以預先展示最終結果，一個好的結果反而會更讓人直接產生興趣。這樣的置入性行銷手法確實可達到推廣的目的，在消費者的心中建立好感，進而促進購買的慾望與行為。

3-2
影片製作不求人

　　當各位前置的作業做得越詳盡，資料蒐集越豐富，對該主題就有更深切的認識，同時了解製作的難易程度。只要得到目標群族的認同，影片被分享到各社群網站的機會就會大為提高，爆紅的機會也會比一般的傳統媒體來的快速。接下來影片製作期包括拍攝影片片段、後製剪輯、輸出檔案三個部分。下面簡要說明：

3-2-1　拍攝影片的眉角

　　影片要拍得好看，關乎拍攝者的運鏡、光影、質感等工作，首先根據想要做的主題去蒐集相關資料，如上面的範例就必須先選定餐飲店、休憩場所、交通站等景色較佳的場所，先拍攝二人組所在的場所位置，接著找到可休憩的地方，再以智慧型手機進行速讀跟測驗的畫面。智慧型手機拍攝的好處是，當你按下錄製鈕影片就會開始拍攝，再按一下影片就結束而成為一段影片片段。

　　一支「受歡迎」的 YouTube 影片，打光、剪輯、字幕等缺一不可。在拍攝部分，取景構圖是主題的具體表現，每個人的審美觀不同，構圖也不會相同，至於多重光源可以讓畫面光線更加明亮，切記逆光和單一光源是拍攝大忌，但是主題一定要求簡潔，越是文字量多的訊息，越容易讓觀眾失去耐心，特別是畫面要協調，不要雜亂無章。另外，同一個主題也可以多重角度來拍攝，近景 / 中景 / 遠景都可以拍攝，如此一來方便將來剪輯和配樂時的取材。

3-2-2　後製剪輯

　　影片拍攝完成後，接下來的剪輯與後製工作，當然就是利用威力導演之類的視訊剪輯軟體來處理。接著把你利用智慧型手機所拍攝的相片、影片，透過 USB 傳輸線連接至桌上型電腦，只要「允許」存取裝置上的資料，電腦就會將手機當成一個外接式硬碟來存取。接著利用作業系統中的檔案總管切換到手機存放的相片或影片資料夾，以拖曳方式即可將素材複製到電腦上使用。

手機只要透過 USB 傳輸線，就可以將媒體素材傳送至電腦上進行編輯

　　不過在後製剪輯前，舉凡串接影片、動態效果設定、加入轉場、特效處理、字幕、配上旁白、背景音樂…等，例如多用跳接模式就可以創造影片輕快節奏，也可修掉不流暢或冗長的內容，最好先確認一下影片的規格與輸出大小，因為不同的平台所要求的影片格式並不相同，廣告宣傳片也是一樣。以 Instagram 的動態廣告或限時動態廣告為例，影片格式是使用 *.mp4 或 *.mov 格式，影片長度在 15 秒以內，除了9:16 的直式畫面外，也可以使用橫向或正方形的畫面，一般建議的解析度為 1080px × 1920px。臉書的廣告格式則包含圖像廣告、影片廣告、精選集廣告、輪播廣告、輕影片、全螢幕互動廣告等多種類型，其中的影片廣告的長寬比為 9:16 或 16:9，輪播廣告則是 1:1 長寬比。進行後製作前先確認規格尺寸和輸出用途，才不會做完之後卻不適用的情形發生，白費了心機。

3-2-3　輸出檔案

　　完成的影片最後就是要輸出成影片檔格式，例如在威力導演中所儲存的專案格式 -*.pds，這是軟體特有的格式，沒有威力導演的軟體是無法讀取，所以必須將完成的影片輸出成常見的視訊格式，才能轉寄給他人欣賞或是上傳到社群網站進行宣傳。各位只要點選「輸出檔案」步驟，就可以看到各種的標準 2D 格式或常用的線上網站。

　　各位不一定要等到整個視訊專案都製作完成後，才將影片輸出成視訊檔。你也可以依需要將腳本內容適時地切割成若干單位，針對每個小單位進行編輯後立即輸出，最後再將這些小單位的影片再串接成一個大單位的影片。如此操作的好處是，一旦某些部分需要修改增刪時，比較不會影響到其他部分的編輯，並且將大影片切割成小單位編修，可方便多人的分工合作，加快專案編輯的速度。如果應用在商品的廣告行銷上，每個獨立的小影片也可以輕鬆的混搭成新的影片，這樣也可以降低製作的時間和成本。

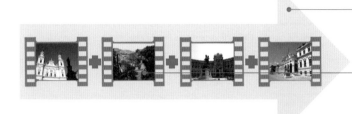

大專案可以由多個小專案的輸出影片串接而成

小專案的影片如需修正，只要編修小專案內容後，再重新匯入

3-2-4　影片成效溫度計

　　影片製作完成輸出後，不管是放置在 YouTube 上與粉絲分享，或是投放廣告加強宣傳，都要時時地進行成效的測量。影片成效的測量並不難，通常各大社群網站都有提供相關的數據可供參考。以 YouTube 社群網站為例，觀看次數及喜歡／不喜歡的人數都可以做為你參考的依據。

　　請按下影片下方的「數據分析」鈕，則會進入如下的視窗，除了可以查看觀看次數、總觀看時間、曝光次數、曝光點閱率等資料，也可以知道觀眾的性別、年齡層、國別等各項資料，這些資訊都可以作為影片宣傳或廣告投放的參考。

如果製作的影片是放置在 Facebook 的粉絲專頁上，粉絲專頁的管理者可以透過「洞察報告」來清楚了解每個宣傳影片受喜好或關注的程度。

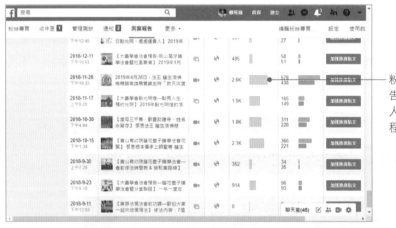

粉絲專頁的洞察報告可看出影片觸及人數與參與互動的程度

你也可以點選影片標題進入如下的視窗，也可以查看影片和貼文的成效，了解粉絲們的喜好、觀看情況、按讚次數、留言…等，了解影片成效才能做為下回修正的依據。

3-3

攝影達人的創意小心思

　　影片想要吸引眾人目光，畫面色彩是否鮮豔動人、對比是否強烈鮮明、構圖是否有特色、光線變化是否別出心裁…等，這些都是重點，所以用心構圖讓畫面呈現不同的視覺感受，這樣拍出來的影片就成功了一半，特別是想要對頻道／商品進行宣傳，那麼基本的攝影技巧不可不知。

　　當拿起手機或相機進行拍攝時，事實上就是模擬眼睛在觀看世界，必須認真觀察體驗，用心取景構圖，以自己的眼睛替代觀眾的雙眼，真實誠懇的傳達真正理念，才能讓拍攝出的相片與觀看者產生共鳴，進而在短時間內抓住他們的目光。這個小節我們將針對拍攝的基本心法做說明，讓你拿穩手機，用你那充滿創造力的雙眼認真拍下世界，就能將平凡的事物推向藝術境界，輕鬆拍出吸睛的畫面。

3-3-1　掌鏡平穩的訣竅

　　各位要拍出好的影片，最基本的功夫就是要「平順穩定」。因此，雙腳張開與肩膀同寬，才能在長時間站立的情況下，維持腳步的穩定性。手持手機拍攝時，儘量將手肘靠緊身體，讓身體成為手機的穩固支撐點，屏住呼吸不動，這樣就可以維持住短時間的平穩拍攝。

觀景窗距離眼睛遠，手肘沒有依靠，單手持手機拍攝，都是造成視訊影像模糊的元兇

　　如果環境許可的話，盡量找找週遭可以幫助穩定的輔助物，譬如在室內拍攝時，可利用椅背或是桌沿來支撐雙肘；在戶外拍攝，那麼矮牆、大石頭、欄杆、車門…

等，就變成各位最佳的支撐物。善用周邊的輔助工具，可讓雙肘有所依靠。如果是進行運鏡處理時，那麼建議使用腳架來輔助取景，以方便做平移或變焦特寫的處理。

利用周遭環境的輔助物做支撐，可增加拍攝的穩定度

　　我們經常在 YouTube 上看到許多的精緻的美食，大都採用如下的「平拍」手法。所謂「平拍」是將拍攝主題物放在自然光充足的窗戶附近，採用較大面積的桌面擺放主題，並留意主題物與各裝飾元素之間的擺放位置，透過巧思和謹慎的構圖，再將手機水平放在拍攝物的上方進行拍攝。由於拍攝物與相機完全呈現水平，沒有一點傾斜度，所以稱為「平拍法」。這種拍攝的方式安全而且失誤率低，各位不妨使用看看。

▲ 平拍法能產生不錯的畫面效果

　　「平拍法」不一定得在平面的桌面上進行拍攝，只要主體物和相機是採水平方式進行拍攝，也能產生不錯的畫面效果，如下圖所示：

3-3-2　採光控制技巧

　　攝影的光源有「自然光源」與「人工光源」兩種，所謂自然光源指的就是太陽光，這是拍攝時最常使用的光源，同樣的場景會因為季節、天候、時間、地點、角度的不同而呈現迴異的風貌，每次拍攝都能拍出不同感覺的照片。這些生活中細微的光源變化，左右了每一張照片的成敗。例如日出日落時，被射物體會偏向紅黃色調，白天則偏向藍色調，晴天拍攝則物體的反差較強烈，陰天則變得柔和。

　　光源位置不同會影響到畫面的拍攝效果，光線均勻可以拍出很多細節，如果被拍攝物體正對著太陽光，這種「順光」拍攝出來的物體會變得清楚鮮豔，雖然光線充足，但是立體感較弱。如果光線從斜角的方向照過來，由於陰影的加入會讓主題人物變得更立體。

▲ 陰影除了增加立體感外，也能產生戲劇化的效果

　　如果是正中午拍攝主題人物，由於光源位在被攝物的頂端，容易在人像的鼻下、眼眶、下巴處形成濃黑的陰影。「逆光」則是由被拍攝物的後方照射而來的光線，若是背景不夠暗，容易造成主題變暗。

▲ 逆光攝影會讓主體的輪廓線更鮮明，易形成剪影的效果

　　很多的風景畫面想要探求光線的變化，往往會讓習以為常的景緻展現出特別的風味。另外，線條的走向具有引領觀賞者進入畫面的作用，所以各位在按下快門之前，不妨多多嘗試各種取景角度，不管是高舉相機或是貼近地面，都有可能創造出嶄新的視野和景象。

3-3-3　多重視角的點子

　　雖然是使用人手一支的手機，由於拍攝的是日常生活中的事物，一般人在拍攝時都習慣以站立之姿進行拍攝，這種水平視角的拍攝手法，畫面會變得平凡而沒有亮點。YouTube 影片代表著品牌或頻道主的形象訴求，由於人們都會被特殊的視角吸引，YouTuber 分享的東西應該要有自己的風格。建議各位不妨採用與平常不同的角度來看世界，多重視角創造多樣視覺構圖，諸如：坐於地上，以膝蓋穩住機身；或是單腳跪立，以手肘撐在膝蓋上；或是全身躺下，只用兩手肘支撐在地上。這樣的拍攝方式，不但可以穩住機身，拿穩鏡頭，仰角度、俯角度也能帶給觀賞者全新

的視覺感受。尤其是拍攝高聳的主題人物，也會更具有氣勢。另外，鏡頭由一個點橫移到另一點，或是攝影鏡頭隨著人物主題的移動而跟著移動等方式，也可以表現出動感和空間效果。

▲ 採用低姿勢拍攝，視覺感受的新鮮度會優於站姿

　　色彩是影響拍攝很大的要素，如果是拍攝餐點、糕餅、點心等美食或商品，除了善用現場的自然光線外，記得要重視擺盤，讓畫面看起來精緻可口且色彩繽紛，另外善用道具作為點綴，像是花瓶、眼鏡、雜誌、筆電…等，讓照片營造出意境或美好的氛圍。至於視角部分，除了一般常用的從正上方往下拍外，不妨嘗試由前面正拍食物，像是以連拍技巧捕捉醬汁倒入食物中的畫面、準備開動美食、手持食物的動作…等，只要背景簡單清爽，焦點放在美食上，也能照出高人氣的美食照。

　　各位在拍攝影片時，最好一次只拍攝一個主題，不要企圖一鏡到底，盡可能善用各種鏡頭或角度來表現主題，例如要展現一個展覽或表演活動，可以先針對展覽廳的外觀環境做概述，接著描寫展覽廳的細節、表演的內容、參觀的群眾，最後加入可以加入自己的觀感…等等。

▲ https://www.YouTube.com/watch?v=PIp40SmoOQA&t=167s

3-4

速學 OpenShot 免費剪輯工具

對於首次學習影片製作的 YouTuber 來說，除了要學會各種媒體素材的使用技巧外，經常還會遇到許多煩人的後製問題而不知所措，接下來我們將告訴各位如何一手掌握微電影的製作技術，包括匯入媒體素材、串接影片、編修視訊、加入片頭效果、轉場、錄製旁白和配樂。期望各位都能將所學到的功能技巧應用在微電影的專案設計中。各位想要剪輯影片，手機 App 和電腦版都可以使用，但是隨著各廠商設計的功能越來越強，很多應用程式都需要付費使用，甚至很多原先免費的手機 App 程式也轉為付費使用。如果你沒有額外的預算來購置視訊剪輯軟體，那就要花點時間找找免費又好用的剪輯程式。

接下來要為各位介紹的是 OpenShot 影片編輯器，這是一套獲獎無數的開放原始碼影片編輯程式，適用於 Linux、Mac 和 Windows 等平臺。軟體支援中文介面，基本的剪輯、轉場效果、視訊標題和配樂都可以輕鬆做到，最重要的是完成的視訊影片不會出現浮水印，對於一般的影片剪輯都可以輕鬆完成，讓你輕鬆就能享受視訊編輯的樂趣。首先請到網站搜尋關鍵字「OpenShot」，或是直接輸入以下的網址，即可進行軟體的下載與安裝。

❶輸入網址：https://www.openshot.org/zh-hant/download/

❸按此鈕進行下載

❷選擇「Windows 下載」

各位想要編輯視訊影片並不難，通常先把相片、影片、音訊等素材匯入到視訊編輯器中，你可以透過剪片工具將不要的視訊片段剪裁掉，使保留精華的部分片段，也可以將一張張的相片串接成影片，用以訴說故事。串接的影片中可以加入轉場效果，也可以加入特效、或是加入標題文字說明影片內容，使強化影片的視覺效

果。串接完成的影片必須進行輸出，這樣即使沒有視訊編輯器的人也能觀看影片。如果編輯的影片尚未完成，則必須儲存成編輯器特有的專案檔格式，這樣才能在下一次開啓專案來繼續編輯。

　　開始進入 OpenShot Video Editor 的剪輯世界，當然要對它的操作介面與專案檔有所認識才行，同時知道開啓新 / 舊專案的方式。

3-4-1　認識操作環境

　　OpenShot 的視窗環境和一般的視訊剪輯軟體差不多，都包含了功能表列、預覽視窗、媒體素材區、時間軸等，如下圖所示：

預設值是顯示如上的「簡易檢視」模式，此模式對於初次使用者來說較為適宜，如果已熟悉視訊剪輯的技巧，不妨改用「進階檢視」模式，執行「檢視 / 檢視 / 進階檢視」指令，所增加的「屬性」面板可作更多的屬性設定。

3-4-2　開啓新 / 舊專案

　　執行「檔案 / 新專案」指令會開啓空白專案，執行「檔案 / 開啓專案」指令可開啓曾經儲存過的專案。OpenShot 的專案檔格式為 *.osp，專案檔的檔案量通常都很小，因為僅儲存編輯的紀錄，而沒有儲存素材的內容，所以初學者在編輯專案時，最好先將相關的影音素材集中放置在同一個資料夾中，匯入素材時，統一由同一個資料夾進行匯入，這樣才不會發生下次開啓專案時找不到素材的窘境。

3-5
素材剪輯心法

　　要剪輯視訊影片並不困難，隨手使用手機所拍攝的畫面，不管是相片或影片都是你可利用的素材。這個章節先告訴你如何把拍攝的相片匯入到 OpenShot 中進行串接、如何修剪視訊片段、如何調整素材比例使呈現滿版畫面、到最後的影片匯出等，讓各位輕鬆把握所有的剪輯要訣。

3-5-1　匯入相片 / 視訊素材

　　首先將可能使用到的素材放置在同一個資料夾，方便素材的選擇與管理。接著啓動 OpenShot Video Editor，執行「檔案 / 匯入檔案」指令或是按下 ➕ 鈕，就能將選定的素材匯入到 OpenShot 中。

STEP/ **1**

❶執行「檔案 / 匯入檔案」
　指令進入此視窗

❷切換到資料夾，並選取
　檔案

❸按下「開啟」鈕

STEP/ **2**

—— 出現此視窗時選擇「否」

STEP/ **3**

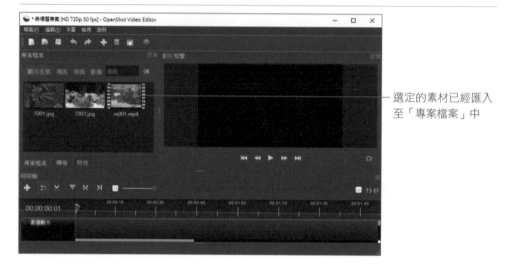

選定的素材已經匯入
至「專案檔案」中

3-5-2　修剪影片片段

　　拍攝的視訊影片通常都需要去頭去尾，才能把精華的部分保留下來。請將影片
檔從「專案檔案」區中拖曳到時間軸的「影音軌1」之中，就可以看到預覽影片畫面。

❶點選影片縮圖不放

❸按「播放」鈕可預
覽影片畫面

按此可拉近距離

❷拖曳到「影音軌
1」中

　　OpenShot 時間軸共有五個影音軌可以放置素材，上層素材可蓋住下方素材。第一次使用時建議先將素材放在「影音軌 1」之中，這樣就可以從「影片預覽」視窗中看到素材呈現的畫面。

　　從預覽視窗觀看影片片段後，如果想要進行裁剪，可先將播放磁頭放在要修剪的位置上，再按右鍵執行「切片」指令，就可以選擇「保持兩側」、「保持左側」、「保持右側」等選項。

STEP/ 1

❶以播放磁頭設定要修剪的位置

❷按右鍵執行「切片／保留兩側」指令

STEP/ 2

顯示已切割的兩段素材

選取不要的素材，按「Delete」鍵也可以刪除

　　你也可以利用時間軸上的「剪片工具」 ，此工具可以連續進行剪片，剪完之後再點選一次該鈕才算完成剪片工作。

STEP/ 1

❶點選「剪片工具」

❷當滑鼠變成刀子和虛線時，按下左鍵進行裁切

STEP/ **2**

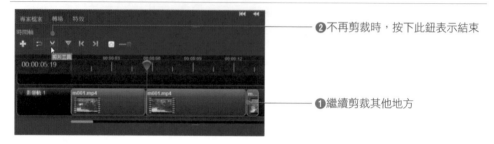

❷不再剪裁時，按下此鈕表示結束

❶繼續剪裁其他地方

　　影片編輯到一個階段，最好先執行「檔案/儲存專案」指令，將專案檔與素材儲存在同一個資料夾中。

3-5-3　串接相片/影片素材

　　透過「剪片工具」，各位可以輕鬆把影片素材的精華保留下來，除了視訊外，相片也是可用的素材，只要將相片素材從「專案檔案」面板上拖曳到時間軸上，讓素材區段與素材區段依序並列在同一影音軌中，就可以串接成影片。

❶點選素材縮圖不放

❷拖曳到影音軌中，使接續前面的素材片段

3-5-4　變更素材長度

在預設的狀態下，OpenShot 所插入的影像長度為 10 秒鐘，如果覺得太長想要縮短，只要按住素材右側往左拖曳，就可以縮減長度。

predefined──預設的影像素材長度為
10 秒

按住此處往左拖曳，
就可以減少秒數

如果覺得這樣縮減相片的長度很麻煩，而且不好控制每張相片的長度都相同，那麼告訴你一個小撇步，執行「編輯 / 偏好設定」指令使進入如下視窗，在「一般」標籤頁中變更「影像長度」的數值就可搞定。

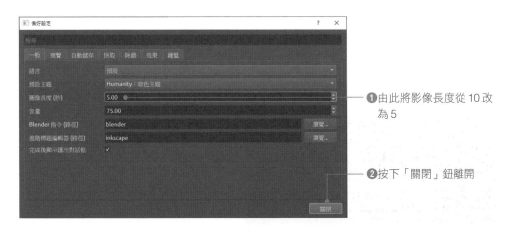

❶由此將影像長度從 10 改
為 5

❷按下「關閉」鈕離開

重新將相片素材拖曳到時間軸上，就能看到每張影像素材都擁有 5 秒的長度囉！

加入的相片都是 5
秒的長度

3-5-5　調整素材比例

　　由於素材來源相當多元，不同的拍攝機器可能使素材比例大小都不相同。所以當素材被串接時，影片周圍會出現黑色的背景。如下圖所示，範例中的影片視訊顯示滿版，看起來較專業，右側的相片卻在左右兩側出現黑色背景較不美觀。

▲ 視訊影片顯示滿版相片素材左右出現黑色背景

　　想要讓所有的素材都能以滿版的畫面顯示，可以透過「屬性」功能來調整尺寸。設定方式如下：

STEP/ **1**

選取相片素材，按右鍵執行
「屬性」指令

STEP/ 2

— 從「屬性」面板的「比例」
處，按右鍵執行「拉伸」
指令

　　依序點選影像素材，再由「屬性」面板「延伸」相片比例，這樣就可以完美地
顯示所有畫面囉！

3-5-6　片頭片尾加入淡入淡出效果

　　如果要讓影片有開始與結束的感覺，可以在影片開始的地方讓它慢慢地由黑轉
為顯示畫面，而結尾的地方則慢慢地將畫面轉成全黑。這樣的開頭淡入與結尾淡出
效果可利用滑鼠右鍵來完成。

STEP/ 1

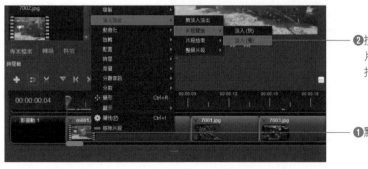

— ❷按右鍵執行「淡入淡出 /
片段開頭 / 淡入（慢）」
指令

— ❶點選開頭的影片片段

STEP/ 2

❷按右鍵執行「淡入淡出 / 片段結束 / 淡出（慢）」指令

❶點選最後的影片片段

　　設定完成後，將播放磁頭移到最前端，按下預覽視窗的「播放」鈕就可以看到完整的影片內容，包括淡出入的變化。如果希望每個影片片段都能有淡入與淡出的效果，那麼請依序點選每個片段，再進行剛剛所提及的「片段開頭 / 淡入（慢）」和「片段結束 / 淡出（慢）」的指令即可。

影片播放至此，畫面就會漸漸變暗

3-5-7　匯出影片

　　好不容易完成的影片，當然要與親朋好友作分享。但是朋友如果沒有 OpenShot 的編輯器是沒辦法觀看專案內容，所以必須利用「檔案 / 匯出專案 / 匯出影片」指令，將完成的作品輸出成大多數人可以觀看的影片格式。

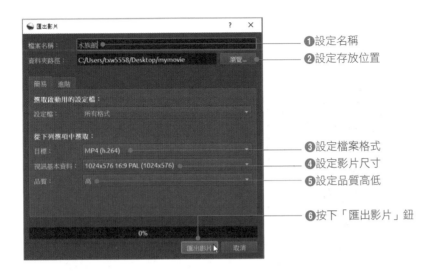

①設定名稱
②設定存放位置

③設定檔案格式
④設定影片尺寸
⑤設定品質高低

⑥按下「匯出影片」鈕

當匯出進度跑完之後，開啟指定的資料夾，就可以看到剛剛匯出的視訊影片。

3-6
輕鬆搞定轉場與特效處理

　　當各位學會使用「淡入淡出」的效果來進行素材與素材間轉換後，接著來看看轉場與特效。OpenShot 提供各種的「轉場」效果可以使用，還有許多神奇的「特效」

可加在素材片段上,像是波浪、平移、模糊…等,讓編輯的影片增添更多的變化。這些轉場與特效都存放在「媒體素材區」,動動手指切換到「轉場」與「特效」標籤可看到所有效果。

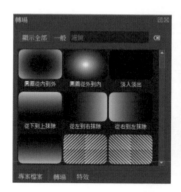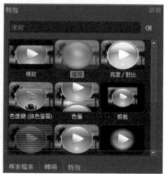

▲ 轉場標籤特效標籤

3-6-1　融入轉場效果

「轉場效果」是在前一段影片和後一段影片之間加入轉換的效果,所以從「轉場」標籤中選定想要使用的縮圖樣式後,就直接拖曳到兩段影片之間即可。加入轉場效果的方式如下:

STEP/ 1

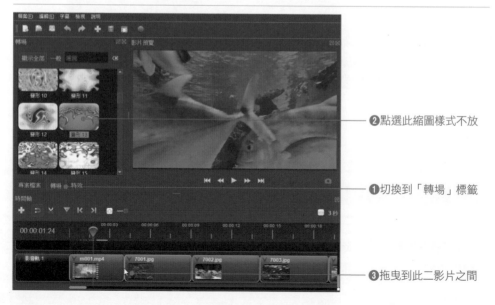

❷點選此縮圖樣式不放

❶切換到「轉場」標籤

❸拖曳到此二影片之間

STEP/ **2**

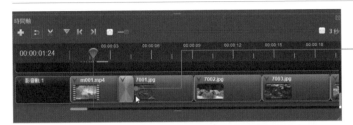

拖曳藍色區塊的右邊界，
使區塊顯現在兩影片之間

STEP/ **3**

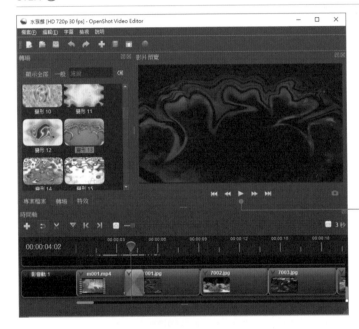

按下「播放」鈕預覽影片，
就可以看到轉場效果的轉
換方式

3-6-2　設定轉場效果與屬性

　　加入轉場效果後，按右鍵於該藍色區塊，你還可以進行「反向轉場」或是屬性
的設定，如果不喜歡這個轉場效果，也可進行「移除轉場效果」的動作。

按右鍵所顯示的「反向轉場」、
「屬性」、「移除轉場」等功能

3-6-3 加入與設定特效

　　加入特效方式與加入轉場效果的方式雷同，由「特效」標籤中選定縮圖樣式後，直接拖曳到影片片段中就算完成。

❹按「播放」鈕就會看到波浪般的動態變化

❷點選想要使用的縮圖樣式

❶切換到「特效」標籤

❸拖曳到影片片段中，就可以看到「w」圓形圖鈕

　　同樣地，按右鍵於「w」圖示上，你可以選擇「屬性」指令來調整該特效的各種屬性，如果不喜歡它的特效就選擇「移除特效」指令來進行移除。

拖曳長條狀區塊來調整波浪的振幅

3-7

玩轉覆疊素材 / 字幕 / 音樂

前面我們已對時間軸的「影音軌 1」做了詳盡的解說，相信各位對於影片的修剪、串接、轉場、特效的使用已經熟悉。接下來將介紹覆疊軌的使用，「覆疊」是指多層次的重疊，只要有多個影音軌道，而上層的影音軌沒有占滿整個畫面，就可以讓下層的影音軌素材顯露出來。影音軌的數量增多可讓畫面產生豐富而多層次的變化。此處來探討覆疊素材、影片字幕與音樂等的使用技巧，讓你可以更豐富影片的視覺效果。

3-7-1 覆疊素材

預設的狀態下 OpenShot 提供 5 個影音軌，前面只使用了「影音軌 1」，其餘的影音軌道都沒有用到，所以影片看起來較平淡些。想要讓畫面變豐富些，就是在其他軌道中放入其他的素材即可。覆疊素材的方式如下：

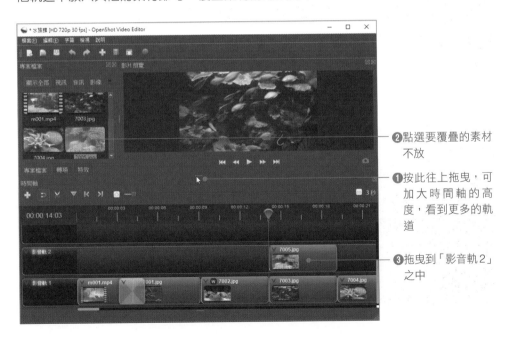

❷點選要覆疊的素材不放

❶按此往上拖曳，可加大時間軸的高度，看到更多的軌道

❸拖曳到「影音軌 2」之中

影音軌 2 加入素材後，由於影音軌 2 位於上層，所以幾乎覆蓋了整個版面，你可以透過變形、旋轉或動畫化…等功能來讓上層的畫面小一些，這樣就可以看到下層的影像了。

STEP/ **1**

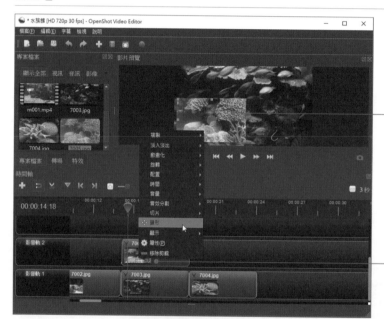

❷由預覽視窗將素材縮小，並移到左下角位置

❶按右鍵於「影音軌 2」的素材，執行「變形」指令

STEP/ **2**

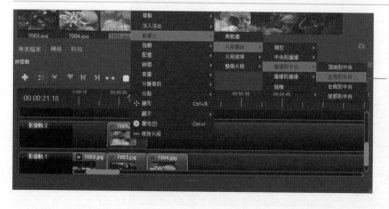

按右鍵於素材上，執行「動畫化 / 片段開始 / 邊緣到中央 / 左側到中央」指令

　　完成如上動作後，按下「播放」鈕預覽視訊，就會看到素材移動的變化。

3-7-2　覆疊字幕

影片開始之處事先告知影片主題，這樣觀賞者比較容易抓住重點。加入影片字幕並不難，執行「標題／字幕」指令可設定文字效果，設定完標題文字後，再由「專案檔案」標籤中將標題素材拖曳到「影音軌 2」進行覆疊即可。執行步驟如下：

STEP/ **1**

❶執行「標題/字幕」指令使進入此視窗

❷選取想要使用的標題範本

STEP/ **2**

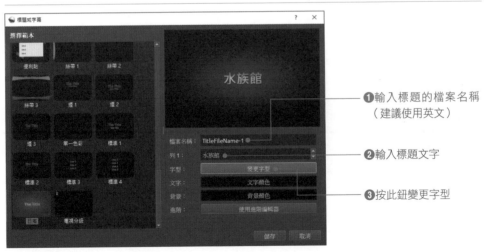

❶輸入標題的檔案名稱（建議使用英文）

❷輸入標題文字

❸按此鈕變更字型

STEP/ 3

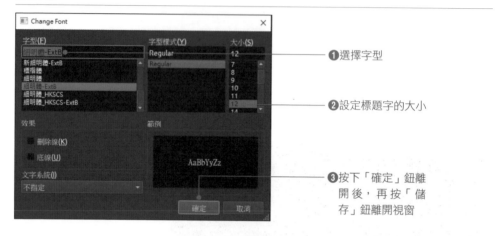

❶選擇字型

❷設定標題字的大小

❸按下「確定」鈕離開後，再按「儲存」鈕離開視窗

　　完成如上動作後，你就會在「專案檔案」標籤中看到製作好的標題素材，將該素材拖曳到「影音軌 2」上，就可以看到標題與「影音軌 1」的素材覆疊的結果。

❸顯示兩個軌道覆疊的結果

❶點選此標題素材不放

❷拖曳到「影音軌 2」的最前端，使顯現如圖

3-7-3 覆疊背景音樂

各位要在視訊之中加入美妙的背景音樂也沒有問題,請先透過「檔案 / 匯入檔案」指令先將音樂檔案匯入,再將音樂素材拖曳到「影音軌 3」之中,並使其長度與全影片的長度相同即可。

❶匯入「01.wav」聲音檔

❹按「播放」鈕預覽影音效果

❷將聲音檔拖曳到「影音軌 3」之中

❸拖曳右邊界,使其長度與「影音軌 1」的長度相同

在預覽影片時,各位會發現影片剛開始時很吵雜,這是因為原先拍攝的「m001.mp4」影片片段中的環境是公共場所,如果你不希望這樣的吵雜聲音出現在影片當中,可以將「m001.mp4」中的影片音量關小。我們透過「屬性」面板來進行調整。

STEP/ **1**

按右鍵於「m001.mp4」影片片段,執行「屬性」指令

STEP/ **2**

❷按「播放」鈕重新
預覽影片，就聽不
到吵雜的聲音

❶將「音量」的滑鈕
移到最左側，聲音
變「0」

　　限於篇幅的關係，視訊剪輯攻略就為您就介紹到此，相信透過以上的功能技
巧，您也可以輕鬆做出不錯的視訊影片。

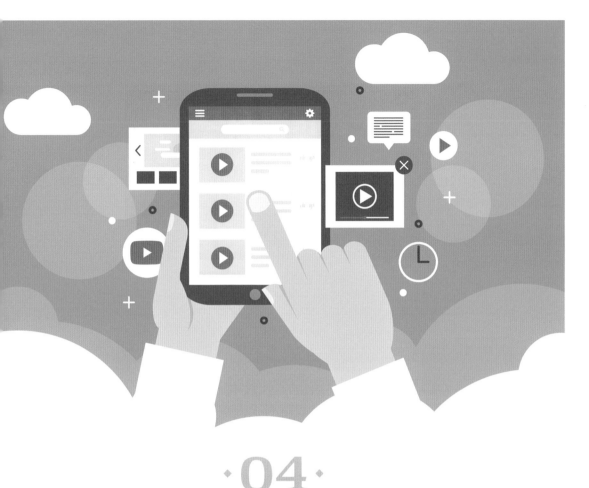

·04·

課堂上學不到的網紅工作
私房密笈

影音分享服務早已躍升為網友們最喜愛的熱門應用之一，根據許多國外研究報告指出，影片對於行銷或廣告的效果勝過於其他媒介，YouTuber 絕對有潛力為品牌或頻道帶來龐大的流量，就像經營粉絲團一樣，甚至可以大幅提高轉換率，也是數位行銷非常重要的一個環節，因為社群持續分眾化，YouTuber 就代表著這些分眾社群的意見領袖，現在的人是依照興趣或喜好而聚集，所關心或想看內容也會大不相同，花錢在這些 YouTuber 上，不是只買下他的影片，最重要是買下龐大粉絲對他的信任。

▲ 可愛搞笑的蔡阿嘎算是台灣網紅始祖

4-1

4-1
建置我的 YouTube 專屬頻道

　　YouTube 絕對有潛力為品牌或頻道主帶來龐大獲利，人氣大的 YouTube 頻道，不但是粉絲多，影響力也大，各位想要成為 YouTuber 的門檻並不高，首先就是要在 YouTube 擁有自己的頻道，不但讓你方便整理所有的影片，也才能上傳自己的影片、發表留言、或是建立播放清單。請注意！個人頻道與品牌頻道二者最大的差異是在於能不能有多位管理員，請各位在 Google 瀏覽器上登入 Google 帳戶後，瀏覽器右上角會顯示你的名稱，由「Google 應用程式」 ::: 鈕下拉選擇「YouTube」圖示，就能進入個人的 YouTube 帳戶。

STEP/ 1

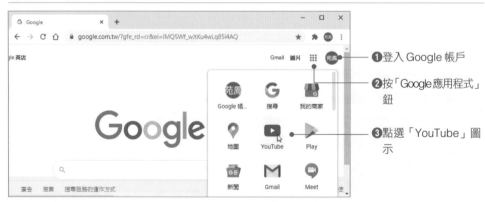

❶登入 Google 帳戶

❷按「Google 應用程式」鈕

❸點選「YouTube」圖示

STEP/ 2

進個人YouTube帳戶後，按此鈕，再下拉選擇「您的頻道」指令

STEP/ 3

首頁顯示你最近所上傳的影片

　　以往許多YouTuber在建立頻道的時候，只能獨立上傳影片，無法將影片進行分類展示和管理，目前在個人YouTube帳戶下，你可以透過品牌帳戶來建立頻道，讓品牌擁有各自的帳戶名稱與圖片，這樣可以和個人帳戶區隔開來。

　　對於YouTuber來說，通常按照影片主題定位不同頻道，也可以同時經營與管理多個頻道而不會互相影響，更能讓潛在粉絲有系統獲得相關影片。一個帳戶會有一個主要擁有者，他可以管控整個帳戶的頻道和管理者，或者讓多人一起管控這個帳戶，而管理者可在Google相簿上共享相片，或是在YouTube上發佈影片。如果你有自己的店家或品牌，就可以透過以下的方式來建立品牌帳戶：

STEP/ 1

❶按此鈕

❷下拉選擇「設定」
指令

STEP/ 2

點選「新增或管理您的
頻道」指令

STEP/ 3

按下「建立新頻道」鈕

STEP/ **4**

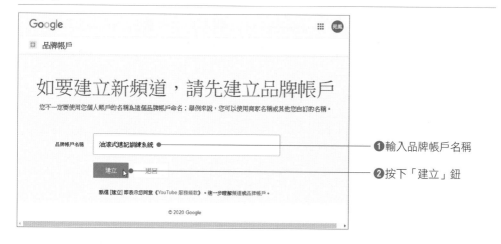

❶輸入品牌帳戶名稱

❷按下「建立」鈕

STEP/ **5**

顯示新建立品牌的首頁

由此可以上傳品牌的相關影片

4-1-1   輕鬆切換帳戶

　　當各位透過前面介紹的方式建立帳戶之後，如果想要切換到個人帳戶或其他的品牌帳戶，只要按下瀏覽器右上角的大頭貼，下拉選擇「切換帳戶」指令，就可以進行切換。

STEP/ 1

❶按下圓形大頭貼

❷下拉選擇「切換帳戶」
指令

STEP/ 2

一個 YouTube 帳戶可以
同時擁有多個品牌帳戶

點選要切換的帳戶名稱

　　帳戶切換後會看到大頭貼已經切換成你所指定的帳戶，但是頁面尚未切換，所以必須執行「您的頻道」指令才會看到頻道的內容喔！

下拉執行此指令，
頁面才會切換過去

4-2

美化你的頻道外觀

　　YouTube 頻道的美觀程度對該頻道的行銷效果相當重要，當你建立帳戶與頻道後，不但可以透過圖示來呈現頻道形象，也能利用頻道圖片來呈現品牌特色，並為頻道頁面打造與眾不同風格，因為觀眾在看一個影片的時候，好的影片圖示，很容易就會從旁邊即將播放的推薦影片中脫穎而出，迅速吸引觀眾的目光。

4-2-1　頻道圖示亮點

　　頻道圖示主要用來呈現品牌形象，各位千萬不要小看頻道圖示，請盡可能確保它與主題的一致性，最好能擁有一個有自我風格特色的頻道圖示（icon），可以讓瀏覽者一看到圖示就馬上聯想到品牌或頻道主，強烈建議加入符合品牌視覺的關鍵字，讓潛在消費者能第一時間了解你的影片內容，因為觀眾在瀏覽你的影片或頻道時，都會看到頻道圖示，所以在選擇圖片時，盡可能選擇辨識力高的圖案，確保在檔案很小的情況下也能清晰看見。

以油漆刷子和速讀、回溯、刺激等旋轉輪來呈現品牌形象

　　製作頻道圖示有一定的規範，不能上傳含有公眾人物、裸露、藝術作品、或版權的圖像，建議上傳 800 x 800 像素的圖片大小，上傳後會顯示成 98 x 98 的圓形，JPG、PNG、GIF、BMP 等格式都可以被接受。要注意的是，無法從行動裝置上編輯頻道圖示，必須在電腦上進行變更。

STEP/ 1

在品牌帳戶裡按下大頭貼圖示鈕

STEP/ 2

按下「編輯」鈕

STEP/ 3

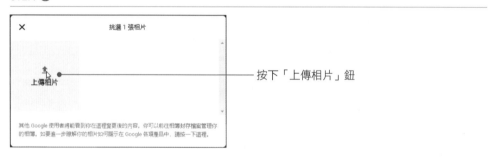

按下「上傳相片」鈕

STEP/ 4

❶點選要上傳的圖片

❷按下「開啟」鈕

STEP/ **5**

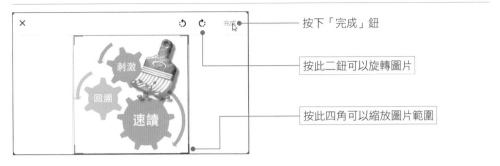

按下「完成」鈕

按此二鈕可以旋轉圖片

按此四角可以縮放圖片範圍

STEP/ **6**

顯示相片資料已更新，這裡的變更會和你建立和分享的內容一起顯現

完成如上的動作後，只要在 YouTube 平台上切換到帳戶，就能看到變更後的圖示了！

4-2-2　新增頻道圖片

頻道圖片顯示在頻道首頁頂端，通常是接觸消費者的第一道門檻，簡單的說就是影片精華的截圖，所有成功的頻道都有一個共通點，清楚且鮮明的品牌形象識別，所以盡量把你自己的頻道與頻道圖片結合成屬於你的個人品牌。這個圖片在電

腦、行動裝置、電視上所呈現的方式略有不同，為確保頻道圖片在各裝置上呈現最佳的效果，建議使用 2560×1440 像素的圖片為佳，當然也要考慮到整體的配色，因為一致的色調是任何精心設計的 YouTube 頻道無形中的助力。建立頻道圖片的方式如下：

STEP/ 1

在品牌頻道中按下
「自訂頻道」鈕

STEP/ 2

按下「新增頻道圖片」

STEP/ 3

按此鈕從電腦
中選取圖片

STEP/ 4

❶點選圖片

❷按下「開啟」鈕

STEP/ 5

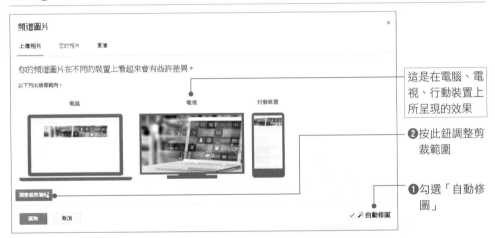

這是在電腦、電視、行動裝置上所呈現的效果

❷按此鈕調整剪裁範圍

❶勾選「自動修圖」

STEP/ 6

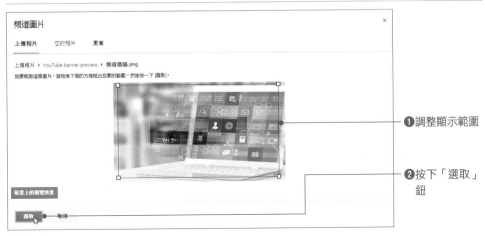

❶調整顯示範圍

❷按下「選取」鈕

STEP/ 7

完成頻道圖片的設置

4-2-3　變更頻道圖示／圖片

　　由於頻道圖示是最容易吸引注目的地方，不論是解析度、色調或明暗度，都會影響所呈現的畫質或感覺，已經建立頻道圖示與圖片後，如果想要更新成其他圖案，以營造不同的氛圍，只要滑鼠移到如下的圖示上，就可以重新上傳圖片。

按此變更頻道圖片

按此變更頻道圖示

4-2-4　加入頻道說明與連結

　　各位在加入帳戶與頻道後，可以在「簡介」部分使用行銷語彙，進行簡單的頻道介紹，這樣可以讓訂閱者或是瀏覽者更深入了解你的頻道。請切換到「簡介」標籤，從「簡介」的頁面中可以加入頻道說明、電子郵件、以及連結網址。

頻道說明

按下 ⊕ 頻道說明 鈕後將顯示如下的「頻道說明」欄位，由此欄位為自己的頻道做簡要的說明，輸入完成案「完成」鈕完成設定。

電子郵件

按下 ⊕ 電子郵件 鈕將可輸入聯絡的電子郵件信箱，方便做業務上的諮詢。點選該鈕後顯示如下的欄位，直接輸入郵件地址即可。

連結

按下 ⊙ 連結 鈕可在頻道圖片上加入五個以內的網站或社群連結，透過這些連結可以讓瀏覽者或是訂閱者快速連結到你的官方網站、FB 粉絲專頁、IG 社群。

STEP/ 1

由此下拉可設定 5 個以內的連結數目

按下「新增」鈕連結

STEP/ 2

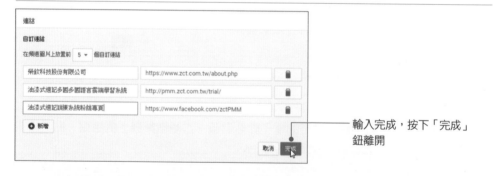

❶輸入第一筆連結資料

❷按「新增」鈕繼續新增連結資料

STEP/ 3

連結

自訂連結

在頻道圖片上放置前 5 ▼ 個自訂連結

樂欽科技股份有限公司	https://www.zct.com.tw/about.php	🔒
油漆式速記多國語言雲端學習系統	http://pmm.zct.com.tw/trial/	🔒
油漆式速記訓練系統粉絲專頁	https://www.facebook.com/zctPMM	🔒

⊙ 新增

取消　完成

輸入完成，按下「完成」鈕離開

完成設定之後，除了在「簡介」標籤中可以快速連結到自訂的網站，頻道圖片的右下角也會顯示連結的圖示。

自訂的連結顯示在此

4-3

頻道管理宮心計

　　在人人都是自媒體的今天，誰都想開台成為 YouTuber，在 YouTube 平台上建置品牌帳戶和頻道後，當然要妥善的經營管理，讓頻道中的內容除了能夠富有教育性、娛樂性及高參與度的面貌呈現在瀏覽者面前，還有一點很重要，素人走向網紅的過程，多少免不了酸民的攻擊，不管是用戶正負面反應，都是粉絲的意向表達。有本事的 YouTuber 不只要會接受正面評語，相對也要有面對負面評價的雅量。這裡我們會針對頻道管理員的新增／移除、品牌頻道 ID 的複製、預設頻道、轉移／刪除頻道等功能作介紹，讓你輕鬆管理你的頻道。

4-3-1 新增／移除頻道管理員

　　前面我們提到過，品牌帳戶可以設定多個管理員，讓多個管理員可以同時管理帳戶內的所有設定。各位要新增管理員，請按下品牌的大頭貼照，然後下拉選擇「設定」指令，在「帳戶」標籤頁中，各位會看到如下的「頻道管理員」，點選「新增或移除管理員」的連結，即可進行設定。

STEP/ 1

❶點選「帳戶」
標籤

❷按下「新增或
移除管理員」

STEP/ 2

按下「管理權限」鈕

　　按下「管理權限」鈕後，Google 會先驗證你的身分，請輸入密碼，再按「繼續」鈕，它會透過手機進行驗證，確認是本人之後才會進入「管理權限」的視窗讓你進行人員的新增。新增方式如下：

STEP/ 1

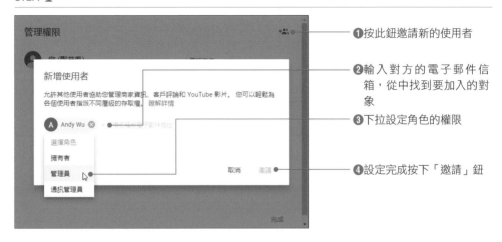

❶按此鈕邀請新的使用者

❷輸入對方的電子郵件信箱，從中找到要加入的對象

❸下拉設定角色的權限

❹設定完成按下「邀請」鈕

STEP/ 2

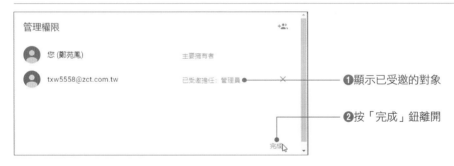

❶顯示已受邀的對象

❷按「完成」鈕離開

如果想要移除已加入的管理人員，只要在其右側按下 ✕ 鈕即可移除。

4-3-2　頻道 ID

當你建立頻道後，同時頻道中已經有上傳的影片，那麼這個頻道就會有專屬的 ID，透過這個 ID 可以讓其他人在瀏覽器上找到你的品牌頻道。想要知道自家品牌頻

道的 ID，請由品牌的大頭貼照下拉選擇「設定」指令，接著在如下視窗左側點選「進階設定」，就能看到品牌帳戶的頻道 ID 了。

❶按此鈕下拉選擇「設定」指令

❷點選「進階設定」

❸頻道 ID 顯示於此，按下「複製」鈕可複製該 ID

各位只要將此 ID 貼到瀏覽器的網址列上，就能立即找到你在 YouTube 上的品牌帳戶囉！所以善用這個 ID 可以讓更多人看到你的頻道內容。

輸入品牌 ID，就可找到 YouTube 上的品牌帳戶

4-3-3　預設頻道

前面介紹的新建帳戶與頻道過程，我們是在同一個 Google 帳戶下新增品牌帳戶，當你同時擁有個人頻道與品牌帳戶時，如果希望每次進入 YouTube 平台時，都能以指定的頻道直接進入，而不需要進行帳戶的切換，那麼可以透過「進階設定」的功能來進行設定。設定方式如下：

❶切換到主管理的
  品牌帳戶與頻道

❷點選該品牌帳戶
  的「進階設定」

❸勾選此項,使之
  變成預設頻道

4-3-4 轉移／刪除頻道

在「進階設定」的類別中還有兩項功能,一個是「轉移頻道」,另一個是「刪除頻道」,這裡為各位做說明。

轉移頻道

「轉移頻道」可將頻道轉移至你的 Google 帳戶或其他品牌帳戶。此功能可將你在 YouTube 平台上經營一段時間的個人頻道轉移到品牌頻道上,如此一來,可順利將個人頻道內的訂閱者、影片內容、播放清單…等輕鬆轉移到品牌帳戶中。點選該功能,Google 會要求你輸入密碼進行確認,接著點選要連結的品牌帳戶即可轉移頻道。

移除頻道

　　「移除頻道」會將目前的 YouTube 頻道進行刪除，刪除的內容包括所有你在 YouTube 上的留言、回覆、訊息、觀看記錄等相關內容。移除頻道時會先驗證擁有者的身分，確認身分後才能進行永久刪除。

4-4

影片的戲精行銷密技

　　建立品牌帳戶後，品牌頻道中的影片上傳技巧和你個人頻道的影片上傳方式一樣，只要你的內容讓人很容易共鳴，看了就有分享給朋友的衝動，那麼這支影片就很容易成為爆紅影片。這裡先要為各位介紹兩項 YouTube 新增的功能 -「結束畫面」與「資訊卡」，善用「結束畫面」可以為你的品牌頻道增加點閱率，同時建立忠實的觀眾，而「資訊卡」可以宣傳影片或網站，所以進行品牌行銷時，這樣好的功能千萬別錯過。除此之外，各位也可以和不同 YouTuber 合作，不但有利突破同溫層，也是創造導流最快的手法，最後還會為各位介紹「播放清單」的功能，讓你可以將頻道內的影片有效地歸納分類。

▶ 編輯小技巧

「同溫層」是近幾年社群圈中出現的熱點名詞，當用戶在社群閱讀時，往往傾向於點擊與自己主觀意見相洽的信息，而對相反的內容視而不見，簡單來說，與我們生活圈接近且互動頻繁的用戶，通常同質性高，所獲取的資訊也較為相近，容易導致比較願意接受與自己立場相近的觀點。

4-4-1　活用結束畫面

　　作為一個積極的 YouTuber，努力建立訂閱用戶群是個重要關鍵。各位在觀看 YouTube 影片時，有時會在影片的最後看到如下的結束畫面，結束畫面會出現可以點選的連結，如果想要讓觀眾連結到另一個影片或是讓人訂閱你的頻道，那麼結束畫面是一個非常有用的工具，透過這樣的畫面可以方便觀賞者繼續點閱相同題材的影片內容。

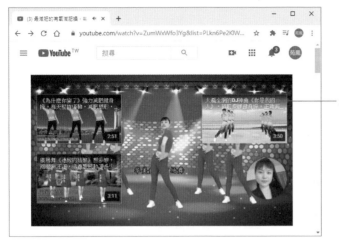

影片結束前，直接點選影片圖示，就可繼續觀看同品牌的影片

　　當你擁有品牌帳戶與頻道後，在你上傳宣傳影片時，可以在如下的步驟中點選「新增結束畫面」的功能來做出如上的版面編排效果。

新上傳的影片，可在此處加入影片的結束畫面

　　「新增結束畫面」是 YouTube 新推出的功能，對於商家或品牌行銷來說是一大利多。除了新上傳的影片可以加入影片結束畫面外，以前所上傳的影片也可以事後再進行加入。如果你想為已經在頻道中的影片加入結束畫面，可以透過以下的技巧來處理。

STEP/ 1

❶按此鈕下拉選擇
「您的頻道」，
使顯現如圖畫面

❷點選要加入結束
畫面的影片縮圖

STEP/ 2

在影片下方按下
「編輯影片」鈕，
使進入「影片詳細
資料」的畫面

STEP/ 3

在右下方點選
「結束畫面」
的按鈕

STEP/ 4

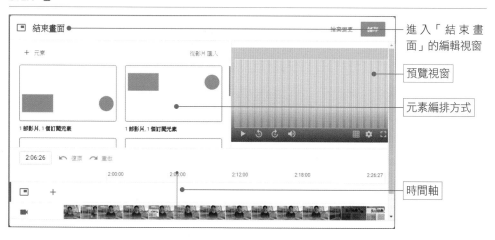

進入「結束畫
面」的編輯視窗

預覽視窗

元素編排方式

時間軸

　　各位可以看到，左上角提供各種的元素編排版面可以快速選擇，下方是時間軸，也就是影片播放的順序和時間，你可以指定元素要在何時出現，而右上方則是預覽畫面，可以觀看放置的位置與元素大小。

　　在元素部分，你可以選擇最新上傳的影片、最符合觀眾喜好的影片，或是選擇特定的影片，至於「訂閱」鈕它會以你品牌帳號的大頭貼顯示，所以不用特別去做設計。

　　此處要示範的是：在片尾處加入一個播放影片和一個訂閱元素。

STEP/ 1

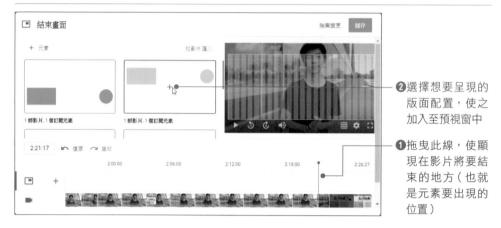

❷選擇想要呈現的
版面配置，使之
加入至預視窗中

❶拖曳此線，使顯
現在影片將要結
束的地方（也就
是元素要出現的
位置）

STEP/ 2

依序將此二時間軸
由左向右拖曳至此
處，使顯現在要顯
示的時間上

STEP/ 3

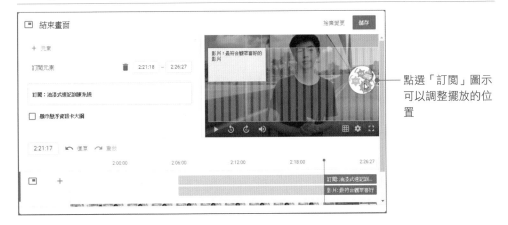

點選「訂閱」圖示可以調整擺放的位置

STEP/ 4

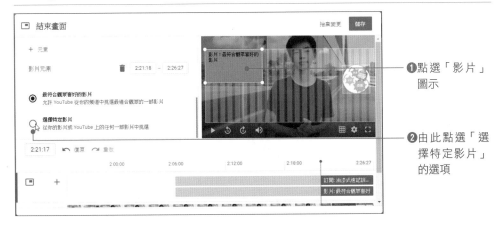

❶點選「影片」圖示

❷由此點選「選擇特定影片」的選項

STEP/ 5

選取要顯示的影片

STEP/ **6**

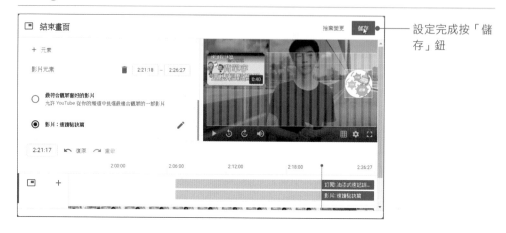

設定完成後，影片結束之前就會顯現你所設定的影片和「訂閱」鈕，讓喜歡你影片的粉絲可以訂閱你的頻道。

4-4-2　資訊卡的魅力

YouTube 推出了「資訊卡」，相當於強化版的註釋功能，能夠讓你在影片裡面直接置入對外連結，不僅可以放更多精彩的圖文內容，行動裝置瀏覽時也可以看到點選，讓你的影片添加更多具有潛在目標的視覺化組件。資訊卡是在影片的右上角出現 **ⓘ** 的圖示，點選可以看到說明的資訊，如下圖所示。透過資訊卡可以連結到宣傳

的頻道、影片、播放清單、或者能獲得更多觀眾觀看的特定影片，甚至於是鼓勵觀眾進行多項選擇民意調查，不過其中連結網站必須有加入 YouTube 合作夥伴計畫才能使用。

資訊卡顯示方式

資訊卡（Cards）能夠讓你在影片裡面直接置入對外連結，例如商品資訊卡－可以在影片中加入已通過商品網站連結，藉此將觀眾導流到自己的商品銷售據點。至於群眾募資（Crowdfunding）資訊卡－可以在影片中加入已通過核准的群眾募資網站連結，為頻道尋求粉絲資助來拓展收益來源。

資訊卡可以在你上傳新影片時加入，也可以事後再補上。這裡示範的就是事後加入資訊卡的方式，請在影片下方按下「編輯影片」鈕，使進入「影片詳細資料」的畫面，接著依照下面的步驟進行設定：

STEP/ 1

按此鈕進入「資訊卡」設定畫面

STEP/ 2

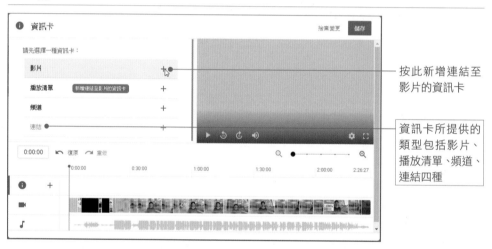

按此新增連結至影片的資訊卡

資訊卡所提供的類型包括影片、播放清單、頻道、連結四種

STEP/ 3

選取影片使之加入

STEP/ **4**

❷按此鈕儲存資訊卡

❶預視窗以顯示資訊卡的效果

　　設定完成後,當影片開始播放時,你就會看到資訊卡出現的三種畫面效果。如果各位在影片中有打算介紹其他影片,就可以新增推薦影片的資訊卡,最多可以在一支影片中添加五張資訊卡。

影片開始播放時所顯示的建議影片

滑鼠移入圖示時所顯示的提供者

按下圖示鈕顯示的影片資訊

4-4-3　暖心的播放清單

　　如果你希望觀眾有機會泡在頻道裡一整天，就可以試著建立「播放清單」！播放清單是用戶整理 YouTube 播放內容的好方法，可將頻道內的影片進行分類管理。比起單一影片，整個清單裡的影片將更有機會被搜尋到。冷門影片與熱片影片被放在同一個清單中，增加冷門影片被看到的機會，甚至可以嵌入你的網站中。

　　這些列表將有機會出現在 YouTube 的搜索結果中，當然名稱就很重要。此外，「資訊卡」也有提供「播放清單」的加入功能，建議各位使用這些卡片在影片中推薦其它影片、播放列表或者能獲得更多觀眾觀看的特定影片以達到蹭熱點的功用，這樣也可以讓訂閱者或是瀏覽者快速找到同性質的影片繼續觀賞。

STEP/ **1**

進入頻道後按下「自訂頻道」鈕

STEP/ 2

❶ 點選「新增播放清單」

❷ 輸入播放清單的標題

❸ 按下「建立」鈕

STEP/ 3

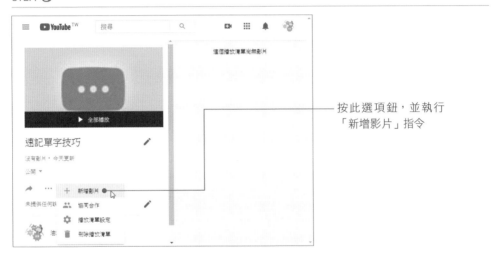

按此選項鈕，並執行
「新增影片」指令

STEP/ 4

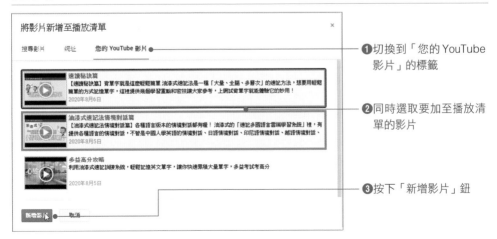

❶ 切換到「您的 YouTube
影片」的標籤

❷ 同時選取要加至播放清
單的影片

❸ 按下「新增影片」鈕

STEP/ 5

播放清單建立完成

·05·

讓粉絲甘心掏錢的直播
搶錢術

人類一直以來聯繫上的最大障礙，無非就是受到時間與地域的限制，拜5G及行動頻寬越來越普及之賜，透過行動裝置開始打破和消費者之間的溝通藩籬。隨著網紅、直播主名氣快速竄升，在許多店家或廣告商的眼中，不少網紅與YouTuber們影響力已經大過傳統電視媒體，特別是各家社群平台陸續開放直播功能後，手機成為直播最主要工具；其中觸及率最高的第一個就是直播功能。

▲星座專家唐立淇靠直播贏得廣大星座迷的信任

平時廣大用戶除了觀賞精彩的直播影片，例如：電競遊戲實況、現場音樂表演、運動賽事轉播、線上教學課程和即時新聞等，更可以利用直播影片來推銷商品，並透過連結引流到自己的網路商店，直接在網路上賣東西賺錢，不同以往的廣告行銷手法，每個人幾乎都可以成為一個獨立的購物頻道，讓參與的粉絲擁有親臨現場的體驗，也可以帶來瞬間的高流量。

▲Evan Fong 遊戲直播主年收入就高達 5 億台幣

目前全球玩直播正夯，許多店家或 YouTuber 開始將直播作為行銷手法，消費觀眾透過行動裝置，特別是 35 歲以下的年輕族群觀看影音直播的頻率最為明顯，利

用直播的互動與真實性吸引網友目光。影片廣告是直播主的主要收入來源，遊戲直播主是目前在 YouTube 平台上最賺錢的操作模式之一，例如：電競賽事不只是專業賽事，同時也被視為是種很受歡迎的娛樂節目，許多玩家利用遊戲實況直播分享自己的打怪心得和實戰經驗，27 歲的加拿大籍中韓混血青年 Evan Fong 在 YouTube 上面光是介紹電玩與過關密技，年收入就高達 5 億台幣以上。

5-1

YouTube 直播瘋潮必殺技

　　直播成功的關鍵在於創造真實的內容，手段在於「展示」而非「推銷」，不僅能拉近品牌和消費者之間的距離，更顛覆了傳統行銷思維，增進品牌與頻道主的透明度，帶來了更大的品牌聲量與銷售量。有些很不錯的直播內容都是環繞著特定的產品或是事件，將產品體驗開箱拉到實況平台上，可以更真實的呈現產品與服務的狀況，例如小米直播用電鑽鑽手機，證明手機依然毫髮無損，就是活生生把產品發表會做成一場直播秀，這些都是其他行銷方式無法比擬的優勢，也將顛覆傳統數位行銷領域。

▲ 小米機新產品直播秀非常吸睛

　　YouTube 平台上直播是與受眾即時互動的最好方式，從個人 YouTuber 販售產品，並透過直播跟粉絲互動，延伸到電商品牌透過直播行銷。各位要在 YouTube 上

進行直播，基本上有三種方式：「行動裝置」、「網路攝影機」、「編碼器」。其中以網路攝影機和行動裝置最適合初學者來使用，因為不需要太多的設定就可以立即進行直播，而進階使用者則可以透過編碼器來建立自訂的直播內容。

各位可以依照個別帳戶的狀況來選擇適合的其中一種直播方式，雖然這是一個能夠讓你不用花太多時間剪輯，就可以創造出影音內容的方式，不過不代表你可以隨意的擺放鏡頭就開拍，最好在事前想清楚節目腳本，特別要記得長久經營自己的品牌，呈現出來的作品創意是必須的，然後透過不公開或私人直播的方式預先測試音效和影像，這樣可以讓你在直播時更有信心，當然在直播前，最好預先讓粉絲們知道你何時要開始直播。

如果你是第一次進行直播，那麼在頻道直播功能開啟前，必須先前往 youtube.com/verify 進行驗證。這個驗證程序只需要簡單的電話驗證，然後再啟用頻道的直播功能即可。驗證方式如下：

STEP/ 1

STEP/ 2

❶從你的手機中將簡訊傳送過來的6位數驗證碼輸入

❷按下「提交」鈕

STEP/ 3

顯示 YouTube 帳戶已完成驗證

　　完成驗證程序後，只要登入 YouTube.com，並在右上角的「建立」鈕下拉選擇「進行直播」即可。如果這是你第一次直播，畫面會出現提示，說明 YouTube 將驗證帳戶的直播功能權限，這個程序需要花費 24 小時的等待時間，等 24 小時之後就能選擇偏好的 YouTube 直播方式。特別注意的是，直播內容必須符合 YouTube 社群規範與服務條款，如果不符合要求，就可能被移除影片，或是被限制直播功能的使用。如果直播功能遭停用，帳戶會收到警告，並且 3 個月內無法再進行直播。

5-1-1　行動裝置直播

　　目前越來越多銷售是透過直播進行，主要訴求就是即時性與共時性，這也最能強化觀眾的共鳴，特別是利用行動裝置上的 YouTube 來進行直播。由於行動裝置攜帶方便，隨時隨地都可進行直播，記錄關鍵時刻或瞬間的精彩鏡頭是最好不過的了。不過以行動裝置進行直播，頻道至少要有 1000 人以上的訂閱者，且訂閱人數達標後，還需要等待一段時間，才能取得使用行動裝置直播權限。另外，你的頻道需要經過驗證，且手機必須使用 iOS 8 以上的版本才可使用。

　　各位要在 YouTube 進行直播，請於頻道右上角按下 　 鈕，出現右下圖的視窗時，點選「允許存取」鈕。

❶按下此鈕

❷點選「允許存取」鈕

由於是第一次使用直播功能，所以用戶必須允許 YouTube 存取裝置上的相片、媒體和檔案，也要允許 YouTube 有拍照、錄影、錄音的功能。

當各位允許 YouTube 進行如上的動作後，會看到「錄影」和「直播」兩項功能鈕，如下圖所示。

點選「直播」鈕後，還要允許應用程式存取「相機」、「麥克風」、「定位服務」等功能，才能進行現場直播，萬一你的頻道不符合新版的行動裝置直播資格規定，它會顯示視窗來提醒你，你還是可以透過網路設定機或直播軟體來進行直播。

5-1-2 網路攝影機直播

只要各位擁有 YouTube 頻道，就可以透過電腦和網路攝影機進行直播。利用這種方式進行直播，並不需要安裝任何的應用程式，而且大多數的筆電都有內建攝影鏡頭，一般的桌上型電腦也可以外接攝影機，所以不需要特別添加設備。網路攝影機很適合做主持實況訪問，或是與粉絲互動。

各位要在電腦上使用網路攝影機進行直播，請先確定 YouTube 帳戶已經通過驗證，接著由 YouTube 右上角按下 🎥 鈕，下拉選擇「進行直播」指令，經過數個步驟後，你會看到如圖的畫面，請耐心等待一天的時間後，再進行直播的設定。

顯示要等 24 小時後才可準備就緒

經過 24 小時的準備時間後，帳戶的直播功能就可以開始啟用。請將麥克風接上你的電腦，再次由 YouTube 右上角按下 🎥 鈕，下拉選擇「進行直播」指令，並依照下面的步驟進行設定。

STEP/ **1**

❶按此鈕

❷下拉選擇「進行直播」指令

STEP/ 2

選此項準備開始直播

STEP/ 3

點選此項使用目前的
網路攝影機

STEP/ 4

按「允許」鈕允許 YouTube
存取麥克風和攝影機的功能

STEP/ 5

❶先輸入此次直播的主題

❷下拉先將「公開」改為
「私人」，方便只有你可
以瀏覽

❸設定內容是否為兒童所
打造

STEP/ 6

❶依序設定年齡的限制

❷按下「其他選項」鈕會
看到如圖的選項，可設
定影片類型，「進階設
定」可設定是否允許即
時留言，或是影片含有
付費的宣傳內容

❸設定完成按下「繼續」
鈕

STEP/ 7

— 按此鈕可上傳自
訂的縮圖

按「編輯」鈕
將回到原視窗
設定網路攝影
機直播資訊

STEP/ **8**

❶點選圖片縮圖

❷按下「開啟」鈕

STEP/ **9**

按此鈕開始進行
直播

STEP/ **10**

❶開始直播後，
會在上方看到
「直播中」的
文字，同時顯
現直播時間與
觀眾數目

❷直播完成按此
鈕結束直播

直播結束後，只要影片完成串流的處理，你就可以在「影片」類別中看到已結束直播的影片。如下圖示：

在「直播影片」的標籤中，只要你將滑鼠移入該影片的欄位，就可針對直播的詳細資訊、數據分析、留言、取得分享連結、永久刪除…等進行設定。

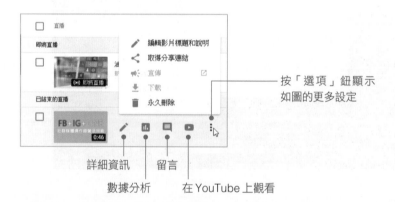

5-1-3　編碼器直播

編碼器能從電腦、攝影機、麥克風等來源裝置擷取素材，再上傳到 YouTube 直播，對於遊戲畫面、運動賽事、演唱會等都很適合，因為它可以重疊畫面，讓畫面更豐富多變。在直播軟體中較知名且較多人使用的就是 OBS 軟體（Open Broadcaster Software），OBS 是一套免費且開放原始碼的錄影與串流直播軟體，可支援 Windows、macOS、Linux 等作業系統。

OBS 軟體直播軟體
的視窗介面，可將
多個來源畫面整合
在一起

加入的來源素材可
透過紅色框線來調
整比例大小

　　這套軟體的設定功能大致上可以在「**檔案**」功能表的「**設定**」指令中找到，各位可針對「**串流**」、「**輸出**」、「**音效**」、「**影像**」四個區塊來進行設定。

在「串流」類別中，服務的部分可以下拉選擇「YouTube/ YouTube Gaming」，伺服器為「Primary YouTube ingest server」，至於「串流金鑰」可按下後方的「取得串流金鑰」鈕，點進去後再從「編碼器設定」的區塊中，將「串流名稱 / 金鑰」複製後，貼入「串流金鑰」的空白欄位中，按下「套用」鈕就可設定完成。

在「輸出」類別中，影像位元率可設為 6500，畫面看起來會非常滑順。「編碼器」可選擇「硬體編碼」。至於「影像」部分，你可以自行設定來源與輸出的解析度，而「常用 FPS」的預設值為「30」，如果希望遊戲畫面能夠非常的順暢，可將數值設置到「60」。

當這些基本的設定都設定好之後，從視窗左下方的「場景」和「來源」兩個欄位就可以按下「+」鈕來增設場景和各種的擷取來源，而擷取畫面出現後還可透過紅色的外框線來調整畫面的大小，不想被看到的部分也可以透過眼睛圖示來將畫面隱藏。

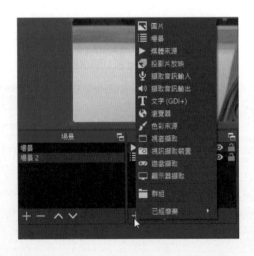

由於 OBS 軟體的功能相當強大，設定的來源相當多樣化，有興趣的人請自行下載軟體來試用看看！

5-2

魔鬼在細節裡－頻道數據分析

根據研究指出，目前以影音為主的 YouTube 直播和其他社群平台比起來有更高的投資報酬率，成功的直播曝光是伴隨著不同的關鍵因素，當各位要規劃一個成功的直播，一定得先了解你的粉絲特性，除了做影片之外，還得要面對各種網路聲音，想辦法讓粉絲與陌生訪客愛上你的頻道或特質，包括事先規劃好主題、內容和直播時間，在整個直播過程中，你必須讓粉絲不斷保持著「what is next？」的好奇感，讓他們去期待後續的結果，才有機會抓住最多粉絲的眼球，進而達到翻轉行銷的能力。

YouTube 平台還貼心提供「頻道數據分析」功能，能反映頻道的發展脈動，了解觀看流量從哪裡來，瞭解影片本身數據分析來源，才會知道下一步該放什麼樣的資源去優化，讓頻道主洞察頻道的成效與趨勢，了解影片的觸及率、觀眾使用時段、年齡／性別、觀看區域…等各項資訊，分析觀眾組成結構並投其所好，讓擁有者快速掌握各項指標，可以有效提高影片被觀眾發現的機會，作為將來行銷或品牌宣傳的依據與改進方針。

在 YouTube 頻道是否具備人氣，最簡單就是兩個指標，一個是頻道本身的「訂閱數」，另一個就是影片的「觀看數」。例如影片的觀看人數如果較多，表示這個廣告會吸引潛在客戶的注意，因為它直接反映出「這部影片的內容是否吸引人」，較高的觀看率能夠讓你的廣告贏得較多的廣告競標和較低觀看費用外，這也意味著店家或品牌可以用較低的費用來吸引更多的觀看次數。

相對於「訂閱數」，影片的「觀看數」幾乎能與帶來的收益成正比，不過「訂閱數」會是個決定每位 YouTuber 市場地位的關鍵。因此還必須時常針對較熱門的影片，YouTuber 也可以進行小幅度的修改，像是變更標題、添加號召性的用語、或增刪部分影片內容，以這樣的方式所製作的廣告，不但影片能確保影片有較高的觀看率，而觀眾也不至於對相類似的影片失去新鮮感。

5-2-1 解析「頻道資訊主頁」

「頻道資訊主頁」主要顯示最新影片的成效、最新留言、頻道數據分析、近期訂閱者…等資訊，讓擁有者可以快速掌握頻道的概括情況。要進入頻道資訊主頁，請進入「您的頻道」後，由頻道上方按下 YOUTUBE 工作室 鈕就可進入。

STEP/ 1

點選此鈕

STEP/ 2

顯示頻道資訊主頁的內容

檢閱觀看次數排名

在此頁面中，如果你想知道近期上傳的影片中那些比較熱門，只要將滑鼠移到「依觀看次數排名」右側的 ❯ 鈕，就能立即顯示如下圖所示的排名清單。

與一般成效做比較

　　在觀看次數、曝光點閱率、平均觀看時間長度方面，除了數值與箭頭能夠直接呈現影片的成效外，只要將滑鼠移入該區塊，就會立即顯示如下的快顯視窗供你做參考。

　　各位如果想要成功經營 YouTube 頻道，首先必須設法吸引觀眾收看。YouTube 的「頻道數據分析」提供「總覽」、「觸及率」、「參與度」、「觀眾」等四種報表，透過這些報表的分析，你可以更清楚的掌握頻道與觀眾互動的整體成效。請從左側按下「數據分析」 📊 鈕，就能進入「頻道數據分析」的頁面。

❷顯示頻道數據
　分析的頁面

❶按此鈕

5-2-2　總覽數據

在「總覽」的報表中，你可以查詢到過去 28 天內所累積的觀看次數、這段期間的熱門影片、訂閱人數、熱門影片 / 最新影片的觀看數與觀看時間等資訊。

滑鼠移入會顯示如圖的說明，
讓你可以進行資訊的判斷

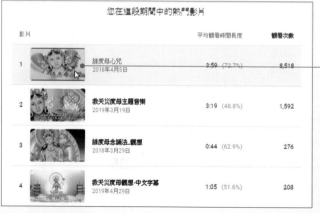

點選影片縮圖，還能更深入了解該影片的觀看時間、觀眾續看率、喜歡的比例、曝光次數、曝光點閱率、流量來源、觀看次書最高的地區…等資訊

　　了解各影片的平均觀看時間和百分比例，你可以試著將重要資訊盡量放置在影片的前半部，或是在熱門影片中加入資訊卡或頻道訂閱鈕，讓更多人有機會來訂閱你的頻道。

　　由於這些資訊都是即時更新的資料，擁有者可以更清楚的掌握資訊，除此之外，想要指定統計分析的日期也可以辦得到喔！如右下圖所示：

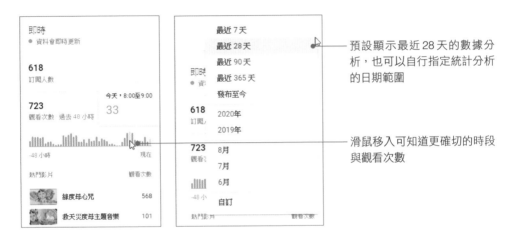

預設顯示最近28天的數據分析，也可以自行指定統計分析的日期範圍

滑鼠移入可知道更確切的時段與觀看次數

5-2-3　觸及率的秘密

　　在「觸及率」的標籤中，你可以查看頻道整體的觸擊率，也就是所有影片在 YouTube 上的曝光次數、曝光點閱率、觀看次數、非重複觀看的人數等圖表。

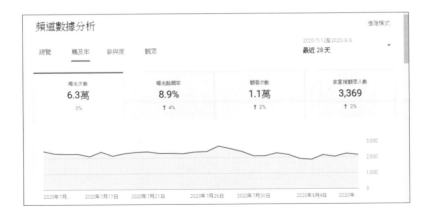

　　除此之外，你可以深入了解流量來源的類型，也可以清楚知道曝光次數和對觀看時間的影響。尤其是流量來源，不管來自於外部、播放清單、建議的影片、或是 **YouTube** 搜尋，了解流量的主要來源就能針對主要來源和欠缺的部分進行加強。

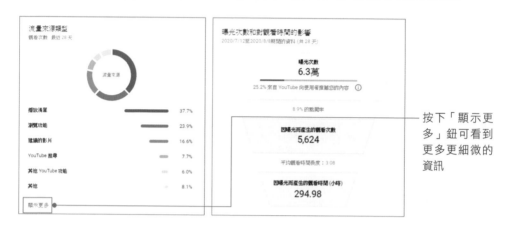

按下「顯示更多」鈕可看到更多更細微的資訊

　　在很多欄位下方，各位會看到「顯示更多」的超連結文字，點選該超連結文字會進入下圖的視窗，你可以針對影片、流量來源、地理位置、觀眾年齡、觀眾性別、日期、訂閱狀態…等各種方式來進行查閱或篩選。

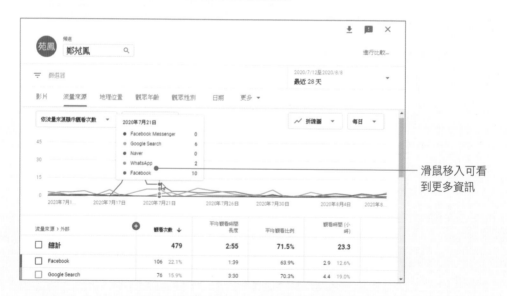

滑鼠移入可看到更多資訊

5-2-4　參與度的意義

如果想知道觀看者所觀看的總時數，或是平均觀看的時間長度，你可以在「參與度」的標籤中查看的到哪些是熱門的影片？哪些結束畫面點擊次數最高？哪些是點擊次數最高的結束畫面元素類型？哪些是成效最佳的資訊卡？都可以在此深入了解，讓你針對觀眾有興趣的畫面元素和資訊卡來做增強的動作。

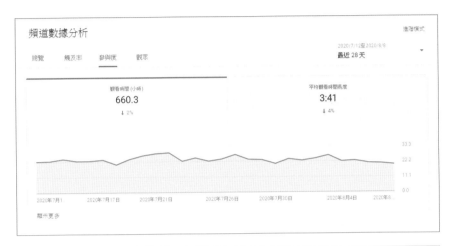

5-2-5　觀眾資訊

各位想要知道觀眾是否會重複觀看你的影片、每個觀眾平均觀看的次數、觀眾使用 YouTube 的時段、訂閱者接收你通知的比例、訂閱者觀看的時間、觀看次數最高的地區、觀眾年齡層與性別…等資訊，在「觀眾」的標籤中可以查看得到。這些資訊將是你購買廣告時的參考依據，讓你精確的將廣告預算鎖定在目標受眾。

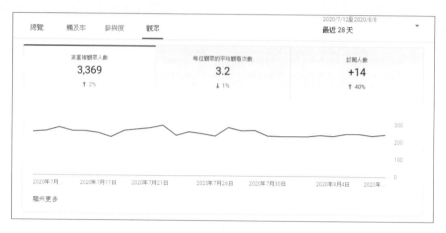

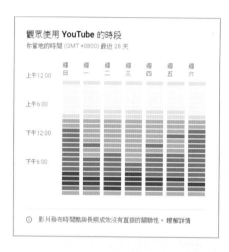

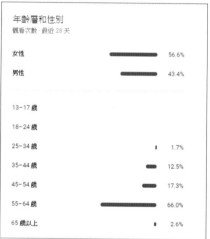

5-2-6　匯出數據分析資料

　　對於 YouTube 所提供的頻道數據分析，不管是整體的資料或是單一影片的資訊，都可以將這些資訊匯出，方便與行銷人員進行討論或規劃宣傳方針。想將資料匯出，可依照以下方式進行。

STEP/ **1**

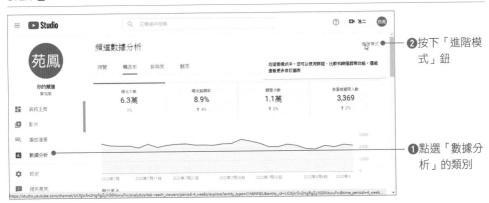

❷按下「進階模式」鈕

❶點選「數據分析」的類別

STEP/ **2**

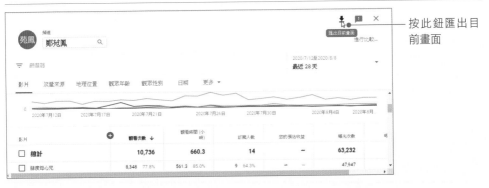

按此鈕匯出目前畫面

STEP/ 3

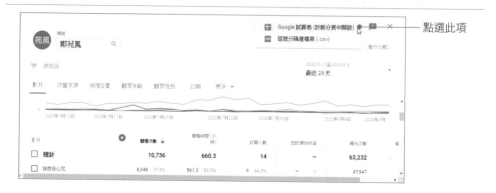

點選此項

STEP/ 4

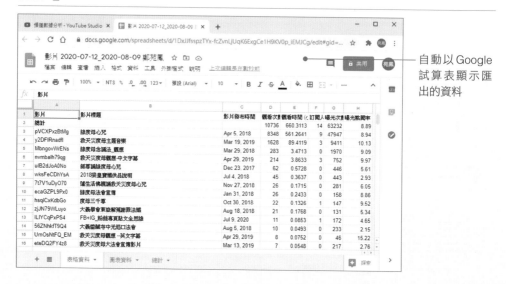

自動以 Google
試算表顯示匯
出的資料

YouTube 流量暴衝與 SEO
贏家攻略

在這個講究視覺體驗的年代，YouTube 作為台灣用戶首選的影音觀看平台，絕
對是 YouTuber 或品牌進行溝通的重要管道。由於影片主題五花八門，畢竟影
片的內容再好，也需要有人看到才有效。話說 YouTuber 想要成名不難，只需
要一支讓網友瘋傳的 YouTube 短片，不過在目前每分鐘就有至少數以萬計影片
上傳到 YouTube 的激烈競爭情況下，很多辛苦製作的影片上傳之後，卻是乏人
問津，只有小貓兩三隻上來點閱。

▲ 成功的 YouTuber 必須找到讓流量暴衝的技巧

　　當 YouTube 平台上的影片越來越多元豐富後，YouTube 也與時俱進地調整頻道和影片推薦演算法，會做出如此的轉變，就是希望影片能夠找出真正受歡迎、觀眾能停留更久的影片。YouTube 的影片是否受歡迎的因素相當多種，包含了影片內容、創意、行銷模式、頻道圖片、圖示數據分析、文字說明等，都會影響影片的點擊率。成功的 YouTuber 必須想方設法讓自己的影片脫穎而出，雖然 YouTuber 平台特性不見得能夠讓你的影片流量一飛沖天，但只要找到擅長主題，特別是下好關鍵字，同時透過社群連結操作與 YouTube SEO 就可以使影片更容易冒出頭，最後脫穎而出呈現在廣大用戶的眼前。

6-1

社群連結曝光加持術

　　社群成為 21 世紀的主流媒體，從資料蒐集到消費，人們透過社群作為日常上全新的溝通方式，這已經從根本上撼動我們現有的生活模式了。現代人已經無時無刻都藉由社群緊密連結在一起，社群能給一群有共同價值主張與趣味的人建立情感，也是用戶大量聚集的地方，透過高素質的頻道與社群連結，無疑對影片流量與銷售都是一大潛在助力。

▲ YouTube 社群行銷的過程好比是一系列用戶參與的精彩經驗

　　通常用戶都擁有不同社群網站的帳戶，對於不同受眾來說，需要以不同社群平台進行推廣，透過社群平台間的互相連結，就能讓粉絲討論熱度和延續更長的時間。當然「蹭熱點」也是 YouTube 增加曝光率的小技巧，多與社群上的熱點新聞、名人、時尚、流行趨勢相關的主題連結，並盡量嘗試用熱門話題來包裝冷門內容。

▲ YouTube 影片最好也分享至 FB 或 IG 上

6-1-1　認識社群訊號

　　「社群訊號」（Social Signal），也稱為「社交訊號」，就是用戶與社群媒體的互動行為，包括影片觀看次數、留言數、瀏覽量、點擊率、分享次數、訂閱等。我們可以發現 YouTube 平台搜尋結果第一頁的影片，用戶普遍涉入程度都較高，因為任何能引起受眾的反應都是好事因為。例如當觀眾主動評論後，頻道主的回覆留言內容最好也能適時的加入品牌關鍵字，每支影片是否能跟觀眾產生更多的互動是YouTube 判斷影片優劣與排名因素的重要參考因素之。

從「影片」標籤頁中，可以查看到所有上傳影片的觀看數、留言數、被喜歡的數據

　　我們建議 YouTuber 們可以嘗試加入不同社群平台，比如成立臉書專頁和 Instagram 粉絲群，只要有新的影片就將訊息張貼到這些社群平台，也就是主動出擊到其他的平台宣傳你的影片，增加影片連結的社群訊號價值，盡量讓影片人氣迅速擴散，希望能夠將平台流量化為瀏覽量，才有可能讓潛在用戶未來成為真正的消費者。

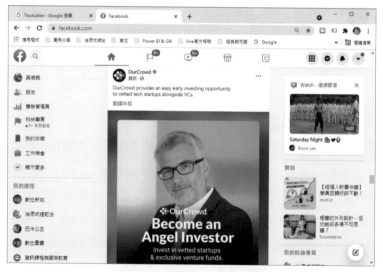

▲ 新影片可以主動上架到各社群平台

　　我們知道 YouTube、Facebook、Instagram 是三個目前最熱門的社群平台，各位 YouTuber 們想要在各大網紅競爭下脫穎而出，如何徹底連結其他兩大社群平台當然是重要因素。Facebook 是以社群功能著稱，可以撰寫長篇貼文、上傳影片、評論、

針對不同訊息做出不同的回饋，廣泛地連結到每個人生活圈的朋友跟家人，堪稱每個人都會路過的國民平台，而且還是台灣最大直播戰場。至於 Instagram 的受眾則跟 Facebook 有年齡與內容上的差距與喜好，基本區分方式是以年齡區分：30 歲以上多半為 FB 族群；以下則多為 IG 族群，因為 Instagram 是以原生的手機應用為主的社群，強調影像式原生內容，產品本身的無限想像都能經過視覺創意展現給粉絲，平台介面設計與風格也非常有利於品牌培養忠實粉絲，因此廣受年輕族群喜愛，時下年輕人逐漸將重心轉移至 Instagram，使其成為年輕品牌行銷的必備利器。

▲Instagram 很適合放主題以年輕人為主的影片

6-1-2 視覺化與導流功能

「視覺化」是目前廣大用戶喜愛獲取資訊的主流型態，因為影音內容能帶來場景新體驗，更能幫助驅動消費心理，YouTube 與 FB、IG 之間最大的差異在於與經營與呈現模式。對大多數店家而言，如果想要藉由影片帶來更多的流量，第一個想到的多半是 YouTube，因為 YouTube 的用戶首先都是以「搜尋」或接受推薦方式去找

到自己想要的訊息，FB 與 IG 多半是透過朋友圈和主題標籤進行擴散，這些接受擴散訊息的間接用戶不見得有真正需求。

通常會在 FB 看影片的多半是過路客，但會願意留在 YouTube 看影片的肯定是死忠鐵粉，也就是說，如果頻道主或店家想增加品牌印象和與未來潛在粉絲之間的連結，YouTube 肯定是你不可遺漏的重要平台。例如美妝品牌影片能夠「代為體驗」直接做產品開箱與試色，就是因為消費者在購買商品之前，都會想先透過影片「體驗看看」，精準創造貼近粉絲用戶的「嚐鮮感」。

YouTube 也可以看成是一種宣傳平台，影片不僅要吸引眼球，最重要的是要吸引訪客進入店家或頻道主配合的電商網站，YouTube 影片宣傳成為誘發消費的重點策略，根據官方統計，導流成功率甚至高達 80％以上，我們知道數位行銷的首要目標就是掌握受眾的輪廓與軟肋，導流至合適的銷售官網，而使用 YouTube 影片最強大的功能無疑就是導流！

▲ YouTube 影片很適合做產品開箱體驗

行銷影片絕對是持久戰，不妨加把勁透過 YouTube 平台提供的「分享」功能來進行分享。YouTube 可以讓影片透過轉發 Facebook、Instagram 來導流圈粉，或者透過電子郵件方式將影片分享出去。對於 YouTuber 們來說，最基本的動作就是把 IG 或 FB 上的粉絲轉向到 YouTube 平台上，如此才能透過 YouTube 平台分潤機制獲得更可觀的收入。

▲ 直接上傳到社群平台的影片，稱為原生影片

6-1-3 影片分享到 FB

以下為各位說明如何透過桌上型電腦分享 YouTube 影片至 Facebook 的方式，由於分享至 Facebook 的管道相當多，你可以直接分享到臉書的「動態消息」和「限時動態」，而分享的範圍可以選擇公開或是限定朋友。另外，也可以指定分享到你所管理的粉絲專頁、社團、活動、或是分享到朋友的動態時報。透過不同分享範圍的選定，就能大大提高 YouTube 影片的觸及率，增加影片被臉書朋友的點閱機會：

STEP/ 1

❶ 開啟頻道上的影片

❷ 按下「分享」鈕

STEP/ 2

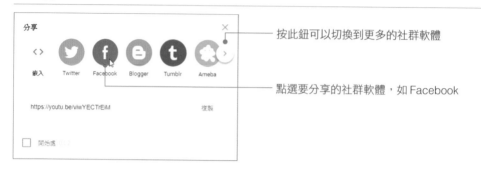

按此鈕可以切換到更多的社群軟體

點選要分享的社群軟體，如 Facebook

STEP/ 3

❶ 由此下拉可以選擇分享到動態消息、限時動態、社團、活動、粉絲專頁，或是以個人訊息分享

❷ 由名字下方可輸入你要推廣的宣傳文字

❸ 這裡設定那些人可以看到這篇動態消息的貼文

勾選此二項可同時分享到 FB 的動態消息與限時動態

❹ 按此鈕發佈到 Facebook

STEP/ **4**

影片已分享至臉書上

6-1-4　影片分享到 IG Direct

隨著消費者對手機黏著度快速攀升，符合單手操作手機習慣的直立式影片日漸增加。YouTuber 店家想要快速增加曝光跟提升粉絲數量，只要透過智慧型手機，就可以輕鬆地將 YouTube「品牌帳戶」、頻道上的「影片」或是「播放清單」分享到 IG Direct 上，讓 IG 上的朋友可以馬上收到影片連結或看到你的影片播放清單。

要在 Instagram 上發佈影片的話，影片長度是有限制，首先請進入你的品牌帳戶，並切換到「您的頻道」會看到如左下圖的畫面：

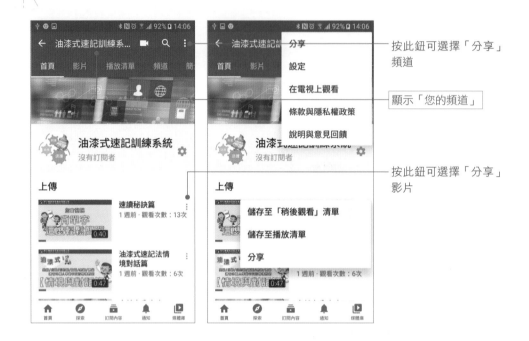

同樣地，切換到「播放清單」標籤後，點選「選項」 ⋮ 鈕，也可以選擇「分享」播放清單。如下圖所示：

選擇任一種的「分享」指令，你會看到如左下圖的「分享」畫面，點選「Direct」鈕進入「傳送對象」的畫面，就可以按下任一個 傳送 鈕傳送給朋友。

透過這樣的方式，你的 IG 朋友就可以收到影片的連結，或是 YouTube 播放清單的網址了。

6-1-5　影片嵌入店家官網

　　假如你是業配網紅或品牌官網的管理者，不妨將頻道上的影片嵌入到官方網站上，只要將 YouTube 提供的程式碼直接複製後，再到管理的網頁上將程式碼貼入即可。通常嵌入式的播放器的視口必須至少 200 像素 x 200 像素，如果是 16:9 的播放器，則寬度至少要 480 像素，高至少要 270 像素。如果要複製程式碼，可透過以下方式進行複製。

STEP/ 1

在影片下方按下「分享」鈕

STEP/ 2

按下「嵌入」鈕

STEP/ **3**

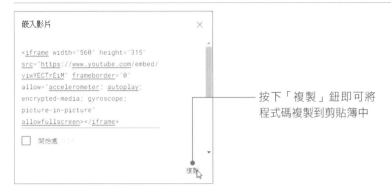

按下「複製」鈕即可將
程式碼複製到剪貼簿中

　　進行程式碼複製前，你還可以設定嵌入的選項，包含是否要「顯示播放器選項」以及「啟用隱私權加強保護模式」。勾選與否程式碼就會跟著變動，屆時再按「複製」鈕複製程式即可。

6-2

SEO 贏家行銷筆記

　　大眾想要從浩瀚的網際網路上，快速且精確的找到需要的資訊，入口網站經常是進入 Web 的首站。入口網站通常會提供各種豐富個別化的搜尋服務與導覽連結功能。其中「搜尋引擎」便是各位的最好幫手，目前網路上的搜尋引擎種類眾多，而最常用的引擎當然非 Google 莫屬。由於資訊搜索是上網瀏覽者對網路的最大需求，除了一些知識或資訊的搜尋外，而這些資料尋找的背後，經常也會有其潛在的消費動機或意圖，Google 不僅僅是個威力強大搜尋引擎，Google 搜尋趨勢能讓我們瞭解受眾當下的關注目標。

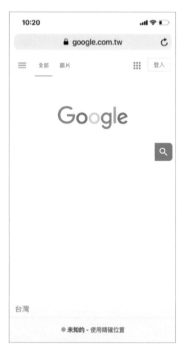

▲ Google 是全球最大的搜尋引擎

6-2-1　搜尋引擎最佳化（SEO）

　　網站流量一直是數位行銷中相當重視的指標之一，而其中一種能夠相當有效增加流量的方法就是「搜尋引擎最佳化」（Search Engine Optimization，SEO），根據統計調查，Google 搜尋結果第一頁的流量佔據了 90% 以上，第二頁則驟降至 5% 以下。搜尋引擎最佳化（SEO）也稱作搜尋引擎優化，是近年來相當熱門的網路行銷方式，也就是一種讓網站在搜尋引擎中取得 SERP 排名優先方式，終極目標就是要讓網站的 SERP 排名能夠到達第一。

SERP（Search Engine Results Page，SERP）是使用關鍵字，經搜尋引擎根據內部網頁資料庫查詢後，所呈現給使用者的自然搜尋結果的清單頁面，SERP 的排名是越前面越好。

▲ Search Console 能幫網頁檢查是否符合 Google 搜尋引擎的演算法

　　由於大多數消費者只會注意搜尋引擎最前面幾個（2 ～ 3 頁）搜尋結果，例如當各位在 Google 搜尋引擎中輸入關鍵字後，經過 SEO 的網頁可以在搜尋引擎中獲得較佳的名次，曝光度也就越大。簡單來說，做 SEO 就是運用一系列的方法，讓「搜尋引擎」演算法認同你的網站內容，搜尋引擎對你的網站有好的評價，就會提高網站在 SERP 內的排名。

在此輸入速記法，會發現榮欽科技出品的油漆式速記法排名在第一位

▲ SEO 優化後的搜尋排名

　　店家或品牌導入 SEO 不僅僅是為了提高在搜尋引擎的排名，最終目的是用來調整網站體質與內容，整體優化效果所帶來的流量提高及獲得商機，其重要性要比排名順序高上許多。對消費者而言，SEO 是搜尋引擎的自然搜尋結果，而非一般廣告，使網站排名出現在自然搜尋結果的前面，也與關鍵字廣告不同，SEO 可以自己做，不用花錢去買，SEO 操作並無法保證可以在短期內提升網站流量，必須持續長期進行，通常點閱率與信任度也比關鍵字廣告來的高，進而讓網站的自然搜尋流量增加與增加銷售的機會。

▶ 編輯小技巧

各位做 SEO，最重要的概念就是「關鍵字」，關鍵字就是與店家網站內容相關的重要名詞或片語，也可以代表反映人群需求的一種數據，例如：企業名稱、網址、商品名稱、專門技術、活動名稱等。「目標關鍵字」（Target Keyword）就是網站確定的主打關鍵字，會為網站帶來大多數的流量，「長尾關鍵字」（Long Tail Keyword）是網頁上相對不熱門，不過也可以帶來搜尋流量，就是除了主要的關鍵字外，這個字詞可以用來聯想到目標關鍵字。

　　自從 2006 年 YouTube 被 Google 收購後，影片也更容易被納入 Google 搜尋結果，YouTube 做為世界上第二大的搜尋引擎，搜尋量也絕對不容小覷。隨著影音大量佔據了現代人的生活，搜尋習慣也產生改變。根據近年來 YouTube 的統計資料顯示，越來越多的用戶會通過搜尋 YouTube 來找影音內容。現在 Google 的 SERP 結果中除了自然搜尋排名的網頁之外，也提供了許多額外的顯示欄位，例如 SERP 頁面的影片推薦比起其他密密麻麻的文字結果更加顯眼。

　　此外，在 Google 影片區（Google Video Box）也會收錄來自各個影音平台的影音資訊，甚至於是放置於個人網站中的影音檔。如果流量的來源主要來自於 YouTube 的搜尋，那麼觀眾最常使用關鍵字將是你的參考依據，除了影片標題外，最好是連頻道的名稱都置入關鍵字，盡可能在影片說明中加入這些標記文字，讓 Google 更容易找到你的影片。

6-2-2　Google 運作原理

　　網路上知名的三大搜尋引擎 Google、Yahoo、Bing，每一個搜尋引擎都有各自的演算法（Algorithm）與不同功能，網友只要利用網路來獲得資訊，大家所得到的資訊就會更加平等，搜尋引擎經常進行演算法更新，都是為了讓使用者在進行關鍵字搜尋時，搜尋結果能夠更符合使用者目的。

▲ Bing 微軟推出的新一代搜索引擎

　　例如 Bing 是一款微軟公司推出的用來取代 Live Search 的搜索引擎，市場目標是與 Google 競爭，最大特色在於將搜尋結果依使用者習慣進行系統化分類，而且在搜尋結果的左側，列出與搜尋結果串連的分類。尤其對於多媒體圖片或視訊的查詢，也有其貼心獨到之處，只要使用者將滑鼠移到圖片上，圖片就會向前凸出並放大，還會顯示類似圖片的相關連結功能，而把滑鼠移到影片的畫面時，立刻會跳出影片的預告，如果喜歡再點選，轉到較大畫面播放。

▲ Google 就是超級網路圖書館的管理員

　　Google 平時最主要的工作就是在 Web 上爬行並且索引數千萬字的網站文件、網頁、檔案、影片、視訊與各式媒體，分別是爬行網站（Crawling） 與建立網站索引（Index）兩大工作項目，例如 Google 的 Spider 程式與爬蟲（Web crawler），會主動經由網站上的超連結爬行到另一個網站，並收集該網站上的資訊，最後將這些網頁的資料傳回 Google 伺服器。請注意！當開始搜尋時主要是搜尋之前建立與收集的「索引頁面」（Index Page），不是真的搜尋網站中所有內容的資料庫，而是根據頁面關鍵字與網站相關性判斷，一般來說會由上而下列出，如果資料筆數過多，則會分數頁擺放。接下來就是網頁內容做關鍵字的分類，再分析網頁的排名權重，所以當我們打入關鍵字時，就會看到針對該關鍵字所做的相關 SERP 頁面的排名。

6-2-3　Google 演算法

　　雖然搜尋引擎的演算法不斷改變，透過 SEO 操作仍能提供相當大的網站流量，只是 Google 經過不斷的更新，也變得越來越聰明。關於 Google 演算法，所有行銷人都是又愛又恨，加上近期的演算法更新頻率越來越高，不過 Google 演算法的修改還是源自於三個最核心的動物演算法：熊貓、企鵝、蜂鳥，透過了解搜尋引擎演算法、優化網站內容與使用者體驗，自然就越有機會獲得較高的流量。以下是三種演算法的簡介：

熊貓演算法（Google Panda）

　　熊貓演算法主要是一種確認優良內容品質的演算法，負責從搜索結果中刪除內容整體品質較差的網站，目的是減少劣質網站的存在，例如有複製、抄襲、重複或內容不良的網站，特別是避免用目標關鍵字填充頁面或使用不正常的關鍵字用語，這些將會是熊貓演算法首要打擊的對象，只要是原創品質好又經常更新內容的網站，一定會獲得 Google 的青睞。

企鵝演算法（Google Penguin）

　　我們知道連結是 Google SEO 的考量重要因素之一，企鵝演算法主要是為了避免垃圾連結與垃圾郵件的不當操縱，並確認優良連結品質的演算法，Google 希望網站的管理者應以產生優質的外部連結為目的，垃圾郵件或是操縱任何鏈接都不會帶給網站額外的價值，不要只是為了提高網站流量、排名，刻意製造相關性不高或虛假低品質的外部連結。

蜂鳥演算法（Google Hummingbird）與大腦演算法（RankBrain）

蜂鳥演算法與以前的熊貓演算法和企鵝演算法演算模式不同，主要是加入了自然語言處理（Natural Language Processing，NLP）的方式，讓 Google 使用者的查詢，與搜尋結果更精準且快速，還能打擊過度關鍵字填充，為大幅改善 Google 資料庫的準確性，針對用戶的搜尋意圖進行更精準的理解，去判讀使用者的意圖，期望是給用戶快速精確的答案，而不再是只是一大堆的相關資料。

大腦演算法（RankBrain）則是蜂鳥演算法的補充加強版，Google 之所以能精準回答用戶的問題，這也就是拜 RankBrain 所賜，借用 AI 的機器學習（Machine Learning）模式，主要工作分析使用者的搜尋需求與意圖，用來幫助 Google 產生搜尋頁面的結果，讓跳出來的搜尋結果更符合使用者想要的內容，並且幫助 Google 提供用戶更精準與完美的搜尋體驗。

編輯小技巧

所謂自然語言處理（Natural Language Processing，NLP）就是讓電腦擁有理解人類語言的能力，也就是一種藉由大量的文本資料搭配音訊數據，並透過複雜的數學聲學模型（Acoustic model）及演算法來讓機器去認知、理解、分類並運用人類日常語言的技術。

機器學習（Machine Learning）是人工智慧與大數據發展的下一個進程，機器通過演算法來分析數據、在大數據中找到規則，可以發掘多資料元變動因素之間的關聯性，進而自動學習並且做出預測，充分利用大數據和演算法來訓練機器。

6-3

課堂上學不到的 YouTube SEO 優化技巧

假如 YouTuber 想要在百花齊放的影音內容中脫穎而出，除了將影片內容的質感提升以外，那麼各位一定要認識 YouTube SEO。例如優化影片的基本資料，包含標題、描述、標籤、播放清單等等，都會影響搜尋結果頁面的排序。做好 YouTube SEO，除了可以讓影片在 YouTube 搜尋結果名列前茅，更可以爭取在 Google 搜尋結果頁面中展示，特別是透過 YouTube SEO 就可以讓影片輕鬆出現在相關推薦影片列

表中，並增加影片或頻道的曝光度，接下來我們將告訴各位 YouTube SEO 的優化技巧。

▲ YouTube 影片標題、說明、標籤都會影響 SEO 的排名

6-3-1　影片關鍵字的巧思 – 標題與說明

▲ 系列性的影片最好要有一致性標題

　　首先在上傳影片之前，請先為影片命名一個適當的檔名，檔名中務必也要包含關鍵字。接下來標題絕對是使用者在搜尋後最先關注的重點，好的標題名稱就像出

色的新聞標題一樣，觀眾可以一眼認出你的訴求與亮點。標題的好壞還關係到影片會不會被 Google 及 YouTube 搜尋引擎查到，因為標題就是一個最大的「關鍵字」，如果可能的話，不妨預先設計吸睛的影片標題，雖然無法使影片內容直接變得更加精采，卻較容易使觀眾體現出影片內容和價值。例如以下在瀏覽器上搜尋「威力導演快剪影片」的關鍵字，就可在搜尋結果的第一個頁面看到我們自製的影片。

▲ 好的標題還會影響到搜尋結果

我們建議將關鍵字放在標題前面，對於 SEO 的效果會較好，除了可以讓演算法得知影片內容，也是影響使用者點擊與否的關鍵，如果是系列性的影片，標題的名稱一致性也非常重要，這是為了告訴 YouTube SEO，你的頻道裡面內容的相關性非常高。

對於你所上傳的每部影片，最好還能在「說明」的欄位中地介紹這部影片，因為越是精采的說明越能增加影片的曝光機會。對於 YouTube 來說，會仰賴說明來判定影片與關鍵字的相關性，除了是讓受眾透過搜尋找到你的根據，最好也把可能的關鍵字都放上去，增加影片的曝光機會，如果要使用多組關鍵字也請適當分配位置。例如：加入自家網站頁面連結、產品詳細規格、購物商城、或是你的頻道 ID 等，越是豐富的說明越能增加影片的曝光機會，更是 YouTube SEO 優化的超級大重點。

對於已經上傳的影片，也可以事後從影片下方按下「編輯影片」鈕，再回到「影片詳細資料」的頁面進行加入、儲存，這樣也能增加品牌的曝光率。

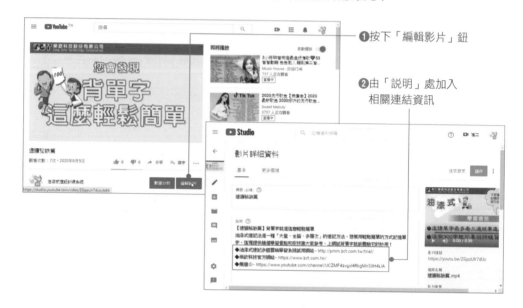

❶按下「編輯影片」鈕

❷由「說明」處加入相關連結資訊

6-3-2　縮圖的致命吸睛力

縮圖對於吸引用戶的注意力和獲得點擊率至關重要，這也是 SEO 的加分題。當影片上傳完成時，YouTube 會自動生成的三個縮圖中擇一使用，也可以自行上傳縮圖，強烈建議使用自行上傳的方式，例如試著使用高對比或是高飽和的色調來讓縮圖更顯眼，務必包含有「具表情的臉孔或 logo」和「清晰的文字與字體」，若有教學或娛樂性質可以較大的字體。

上傳影片時，可透過此鈕來上傳自製的影片縮圖，也可以事後透過「編輯影片」鈕再由此進行加入

　　因為上傳自製的影片縮圖會比使用自動產生的縮圖畫面更具吸引力，各位可以把它當作是影片的宣傳畫面，透過強而有力的標題來吸引觀眾進行點閱。

自製的影片縮圖更具吸引力

6-3-3　分享你的頻道 ID

　　之前我們提過，各位想要出名的 YouTuber 們最好到各大社群網站上分享你的頻道 ID，這樣可以讓親朋好友或其他有興趣的人直接連結到你的頻道。有關如何查詢自己的頻道 ID，請參閱第 4 章的說明。這裡要特別補充說明的是上傳的影片最好能夠「允許嵌入」，這樣可以讓其他人轉發你的影片，允許對方嵌入，才能讓對你的片內容有興趣的網站 / 網誌擁有者，將你的內容散播出去。各位可在「影片詳細資料」的頁面中切換到「更多選項」，即可進行確認。

❶切換到「更多選項」

❷確認勾選「允許嵌入」

6-3-4　最佳發布時間與定時更新

　　各位製作的影片若要發布首映，最好選擇在最多用戶在線的時間發佈影片，才有機會快速觸及大眾。由於大部分人喜歡在周末看影片，禮拜六或禮拜日早上 9 點到 11 點就是最佳的發布時間，晚上 7 點到 9 點也是貼文或上傳影片的好時機。如果你有特定族群的粉絲或對象，也要考慮他們的作息時間，像是家庭主婦或是已退休的長者，他們觀看的時間當然會與一般上班族有所不同。

另外，如果你的粉絲來自於不同的時區，那麼最好根據時區的不同進行調整，透過 YouTube 的「頻道數據分析」，就可以清楚知道粉絲或觀眾的相關資訊。

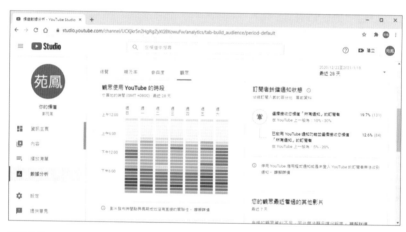

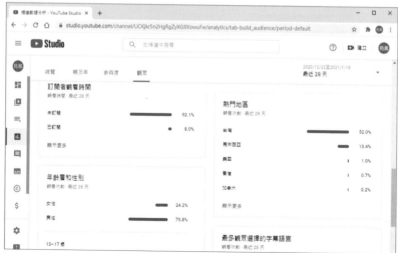

根據官方統計，每分鐘在 YouTube 被上傳的影片總長度加起來超過 400 個小時，由於 YouTube 上有太多影片可以觀看，特別是比起觀看次數，YouTube SEO 更在意使用者的回流率，包括該頻道訂閱的人數，以及觀看影片後訂閱頻道的人數，也是 YouTube 演算法排名的重要準則。經營 YouTube 就像是管理一個部落格一樣，除了隨時瞭解目標客群的喜好，如果頻道不常更新，一定很快就會被粉絲遺忘。因為人們訂閱你的頻道是期待你呈現更多的內容，盡量做到要讓觀眾見你比見他女友還多，特別是更新頻率要高，例如持續每個禮拜都發佈影片，每當你一有新影片上傳時，你的訂閱者就會收到一封提醒通知，有很多的流量就是這樣產生的。還有記得選擇適合的影片分類可以協助觀眾了解該影片和類別屬性，這也將有助於你的 YouTube SEO。

▲ 訂閱者就會收到一封新影片的提醒通知

6-3-5　高清影像與時間軸的加持

YouTube 最重視「使用者體驗」，當然會希望平台能夠提供良好成像品質的影片，希望用戶都可以在 YouTube 看到喜歡又滿意的優質影片。通常排名在第一頁的影片有超過六成都是使用高清影像（Full HD）。

▲ 影片提供高清影像（Full HD）也是 YouTube SEO 的加分項目

　　YouTube 官方也指出影片長度對於排名結果會有顯著的影響，因為較長的影片通常能夠提供價值相對也較多，YouTube 排名第一頁的影片平均長度約在 12 ～ 18 分鐘。此外，為了讓觀眾可以有更好的長影片觀看體驗，時間軸能讓他們搶先知道影片內容，如果能夠透過時間軸來標記出影片的重點，就能讓用戶透過時間軸標快速找到自己想看的部分，減低途中關閉影片的流失，對於搜尋引擎而言，時間軸上所標記的關鍵字，也會影響到 YouTube SEO。

▲ 時間軸能讓用戶搶先知道影片內容

6-3-6　隱藏版的粉絲集客技巧

　　當你在影片的結束畫面中加入「訂閱」鈕，或是在影片中或說明處提醒觀看者進行訂閱，請他們開啓通知的小鈴鐺，都有機會提升粉絲的訂閱率。除此之外，定時的發布影片，以及快速的回覆粉絲的留言並進行互動，都能讓粉絲養成觀看你的影片的習慣。

按此鈕訂閱頻道

　　各位還可以優化「訂閱」的按鈕，讓它出現影片的中間或是結尾作為一個行動呼籲鈕（Call-to-Action，CTA），或是鼓勵人們分享影片內容，不論是為達到增強品牌意識的效果、為網站帶來更多的流量，或是增加涉入程度藉此衝高排名。

編輯小技巧

行動呼籲鈕（Call-to-Action，CTA）是希望訪客去達到某些目的的行動，就是希望召喚消費者去採取某些有助消費的活動，例如故意將訪客引導至網站策劃的「到達頁面」（Landing Page），會有特別的 CAT，讓訪客參與店家企畫的活動。

6-3-7　標籤與播放清單的流量魔術

標籤（Tag）可以幫助 YouTube 向用戶推薦相關內容，如果影片加上適當的關鍵字標籤，就可讓觀眾觀眾更容易找到你的影片。每一支影片都可以讓你設定標籤，這些標籤也是讓人搜尋影片時的關鍵字，切記不要輸入太多組，不然會很難判斷你的影片到底是跟什麼相關。

▲ 善用標籤也對 SEO 排名有幫助

還有頻道中的「播放清單」功能，能讓影片依照主題進行分類，通常願意點進你頻道的人，代表已經看過你的影片，只要一個播放清單，他就可以在自己感興趣的主題中，盡情找到想要觀看的影片。對 YouTube SEO 而言，該頻道建立了關鍵字相關的播放清單，因此搜尋引擎認定該播放清單的所有影片都和關鍵字有著極高的關聯性。

貼心的建議各位，我們還可以針對觀眾最喜歡的播放清單，適時地為清單中的影片加入資訊卡或結束畫面，讓最符合觀眾喜好的影片有更多的曝光機會，或者不妨為自己的影片建立固定的開場短片，畢竟觀眾會在前 30 秒鐘內決定影片是否真正感興趣，也可以將次熱門影片加諸在最熱門影片的結束畫面，以此方式推薦給觀眾瀏覽，增加次熱門影片的點閱率。

▲「播放清單」能讓影片依照主題進行分類

· **MEMO** ·

影片加上字幕的達人必學
神器

YouTube無疑是現在最熱門的影片分享平台,在這樣的眼球競爭難度極高的
狀況下,不論是哪一種類型的影片,除了要確保影片的優化,許多影片都忽略
了字幕的重要性,特別是台灣人是公認最愛看字幕的國家,少了字幕受眾肯定
會嚴重影響。更何況影片會透過網路無遠弗屆的傳播,讓身處不同國界的觀眾
都能參與觀賞,為了讓其他語系的觀眾能夠了解影片內容,字幕就顯得相當重
要。

　　字幕的功能可以加強關鍵字的強度，進而幫助 YouTube 演算法理解影片的內容和主題關聯性，也大大地提升了觀眾的使用者體驗，甚至字幕能夠彌補聲音問題對影片所造成負面影響，由於增加字幕對於 YouTube SEO 帶來的效益非常大，當然影片被優先推薦的機率也會比較高。

▲ 影片內加上字幕，對於 YouTube SEO 帶來的效益非常大

　　很多 YouTuber 認為拍攝影片最麻煩的工作就是上字幕，雖然字幕可以讓不同語系的觀賞者或聽障者可以更清楚影片的主旨與內容，或者透過靜音模式（交通工具上、上班等）來觀看影片。但是字幕的製作確實是個大工程，如果沒有相關工具的輔助，就必須在影片完成後一個個字的聽打，因而上字幕這樣艱鉅的工作讓許多網紅聞之怯步。本章中我們要介紹兩套免費工具來加快字幕的處理流程，幫助你的影片可以輕輕鬆鬆的加入字幕。

7-1
加上字幕－pyTranscriber 免費工具

　　請自行到網站上搜尋關鍵字「pyTranscriber」，再依照個人的作業系統選擇合適的壓縮檔或執行檔。首先簡單跟各位介紹「pyTranscriber」軟體，這是一套免費的影音字幕辨識軟體，辨識效果相當不錯，可以讓你快速產生字幕檔。目前支援

Linux、Mac、Windows 三種作業系統，能支援多國語言的影片上字幕，包含中文語音辨識。

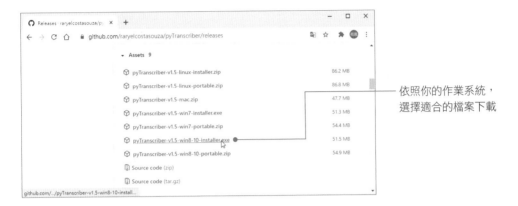

依照你的作業系統，
選擇適合的檔案下載

　　下載安裝後會在桌面上看到 圖示鈕，按滑鼠兩下將它啟動，接下來就是將你的影片檔匯入進來然後進行轉換。這裡除了可以匯入影片檔外，也可以匯入音訊檔來進行轉換：

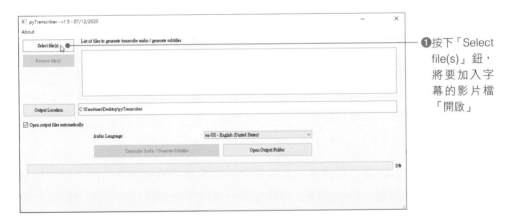

❶按下「Select
file(s)」鈕，
將要加入字
幕的影片檔
「開啟」

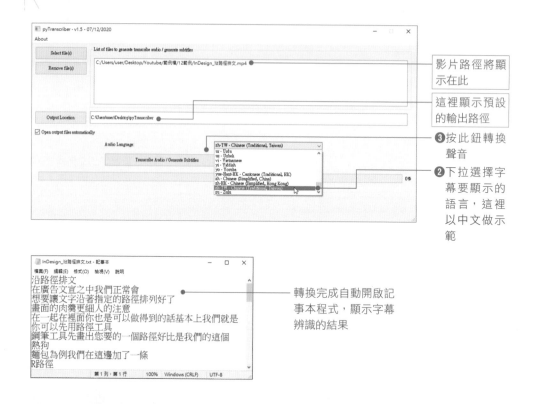

影片路徑將顯示在此

這裡顯示預設的輸出路徑

❸按此鈕轉換聲音

❷下拉選擇字幕要顯示的語言，這裡以中文做示範

轉換完成自動開啟記事本程式，顯示字幕辨識的結果

7-1-1　編修字幕

　　當我們利用 pyTranscriber 軟體產生字幕時，它會在「pyTranscriber」資料夾中產生「txt」和「srt」兩個文件檔，而且自動開啟「txt」文件檔。這兩種檔案格式都可以利用記事本程式將文字開啟。

　　由於講者口音的清晰度還是會影響到辨識的成果，通常辨識後的文稿大概有七八成左右的可用度，你必須開啟影片檔進行播放，然後再針對文稿內容進行修正，所以建議你直接在「txt」檔上進行編修，「srt」檔則不必理會：

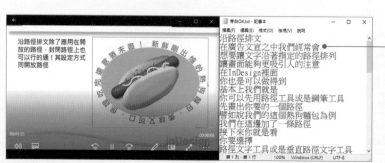

同時開啟影片檔和記事本，針對文稿進行編修。注意：每一行文字是字幕顯示的長度，如果文字太長，記得要加以分段

7-2

7-2
進階加字幕工具－ArcTime Pro 軟體

當各位在視訊剪輯軟體中為影片加入字幕，除了要輸入或插入文字外，還要設定文字開始的時間和結束的時間，這樣當播放磁頭到達某一時間點時，字幕才會自動出現或是隱藏起來。

── 會聲會影視訊剪輯軟體是由「標題軌」設定字幕出現的位置和時間長度

透過這樣的方式將記事本中的文字依序「複製」、「貼入」標題軌中，再依照字幕出現的位置調整標題列的長短，這樣的製作需要耗費不少時間。通常視訊剪輯軟體都有提供字幕檔匯入的功能，字幕檔的格式為「*.utf」或「*.srt」，基本上字幕檔是由 3 列文字所組成，透過這三列的資料，視訊剪輯軟體才能夠知道何時讓字幕出現。如下圖所示：

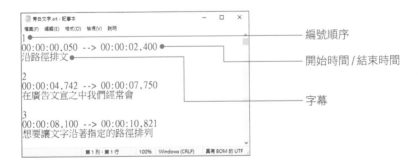

── 編號順序

── 開始時間 / 結束時間

── 字幕

前面我們利用「pyTranscriber」轉換字幕，並將文字內容確認後，接下來我們要利用另一套軟體－ Arctime Pro 來為字幕設定開始和結束時間，以加快字幕的編輯速度。首先請自行在瀏覽器上搜尋關鍵字「Arctime Pro」，找到後請進行下載和解壓縮。

解壓縮之後，請在該資料夾中按滑鼠兩下於「Arctime Pro.exe」執行檔，即可
啓用該程式。

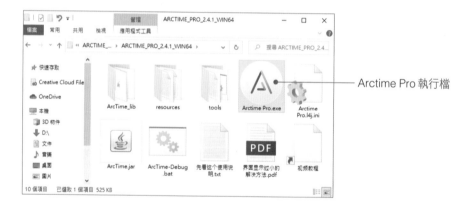

Arctime Pro 執行檔

7-2-1　匯入視訊檔案

首先我們將要加入字幕的影片檔（或音訊檔）匯入進來，請執行「檔案 / 匯入音
視訊檔案」指令使開啓影片或音訊檔。這裡我們以影片檔做說明，因為加入字幕後
我可以直接將影片檔輸出：

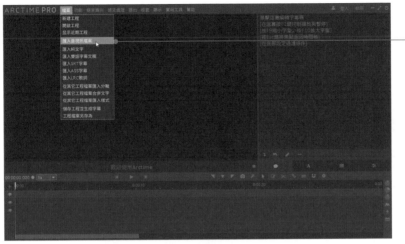

❶執行「檔案/
匯入音視訊
檔案」指令

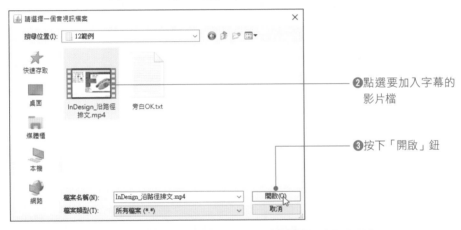

❷點選要加入字幕的
影片檔

❸按下「開啟」鈕

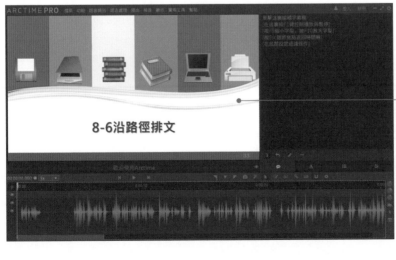

❹影片畫面與音
訊軌已顯示在
Arctime Pro 中

7-2-2　匯入純文字檔

影片加入到 Arctime Pro 之後，接著要把已經整理好的字幕匯入進來，請利用「檔案 / 匯入純文字」指令將文字加入至右側的欄位中。

❶執行「檔案 /
匯入純文字」
指令

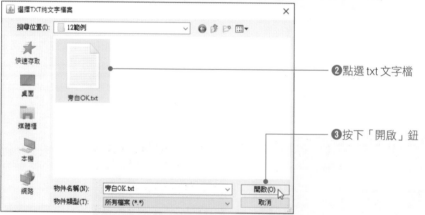

❷點選 txt 文字檔

❸按下「開啟」鈕

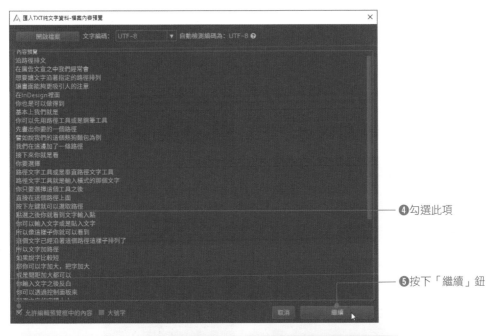

❹勾選此項

❺按下「繼續」鈕

❻字幕內容已顯示在右側的欄框中

7-2-3　設定字幕時間值

　　Arctime Pro 有一個 JK 鍵拍打工具，可以讓我們一邊聽影片中的聲音，一邊透過 J 按鍵來加入字幕。如果你怕講話的速度過快不好控制，可以將聲音播放的速度變慢喔！設定方式如下：

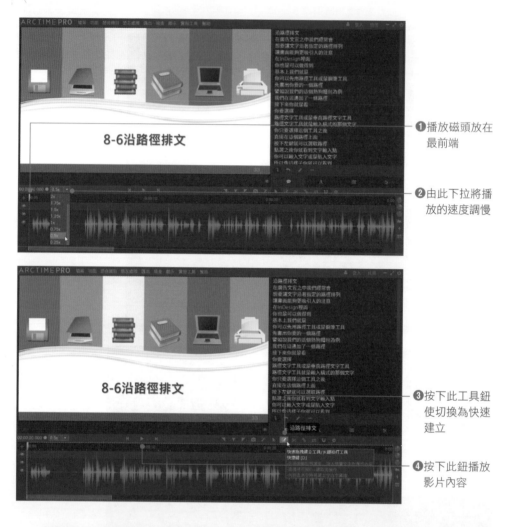

❶播放磁頭放在
　最前端

❷由此下拉將播
　放的速度調慢

❸按下此工具鈕
　使切換為快速
　建立

❹按下此鈕播放
　影片內容

　　當聲音出現時，我們就按下「J」鍵，等該行字幕結束時就放開滑鼠，此時你會
發現褐色區塊會自動顯示字幕，再按下「J」鍵褐色區塊再度出現，直到放開滑鼠該
列字幕就會顯示文字，如下圖所示。

聲音出現時按下「J」鍵

聲音結束時放開「J」鍵，就會看到文字加入褐色區塊中

　　當所有字幕都加入到時間軸後，如果有設定不好的地方，只要拖曳褐色區塊的前後位置使調整長度，使它與聲波相符即可。未完成設定時右側欄框的文字也會一一消失，跑到底下的褐色區塊中。完成之後按下「播放」鈕，就可以在影片下端看到字幕的效果了！如下圖所示：

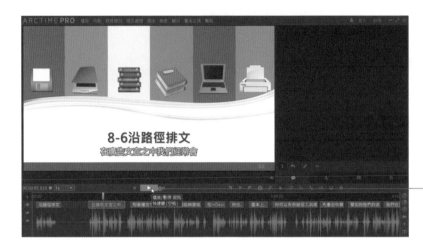

　　　　　播放時可看到
　　　　　字幕的出現

7-2-4　快速壓制視訊

　　當你透過「播放」功能看完字幕在影片上顯示的效果後，就可以考慮將影片檔匯出。Arctime Pro 提供的匯出功能相當多樣化，你可選擇將檔案快速壓制成視訊格式，也可以變成字幕檔案，再到視訊剪輯軟體中做整合處理。這裡我們介紹的是將檔案輸出成 mp4 格式，快速完成影片字幕的處理。

　　　　　❶執 行「 匯 出 /
　　　　　快速壓制視訊
　　　　　（標準 mp4）」
　　　　　指令

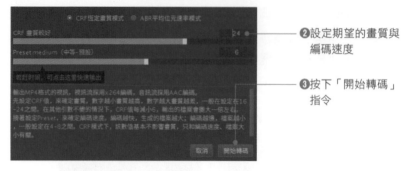

❷設定期望的畫質與
編碼速度

❸按下「開始轉碼」
指令

❹稍待一下就會自動
在如圖的資料夾中
顯示匯出的影片

7-2-5　匯出字幕檔案

剛剛介紹的是直接在影片中加入字幕，匯出後你就可以將這個有包含字幕的影片檔直接上傳到 YouTube 中。如果你有 YouTube 影片未加入字幕，後來因為點閱率高又想要加入字幕了，那麼也可以透過前面的方式加入字幕，最後再 Arctime Pro 中「匯出字幕檔案」。匯出字幕檔案的方式如下：

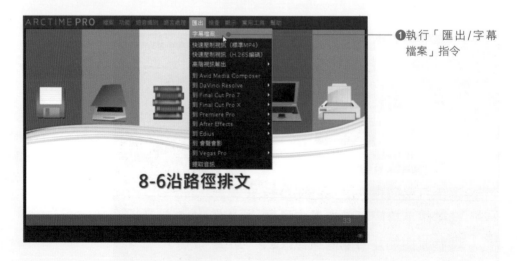

❶執行「匯出/字幕
檔案」指令

❷保留設定值不變，按下
「匯出」鈕

❸字幕檔完成匯出，顯示
在此資料夾中

7-2-6 新增 CC 影片字幕

字幕檔從 Arctime Pro 匯出後，現在為各位示範從 YouTube 網站新增字幕檔的方式。

❶上傳未包含字幕的影片

❷按此鈕切換到「字幕」類別

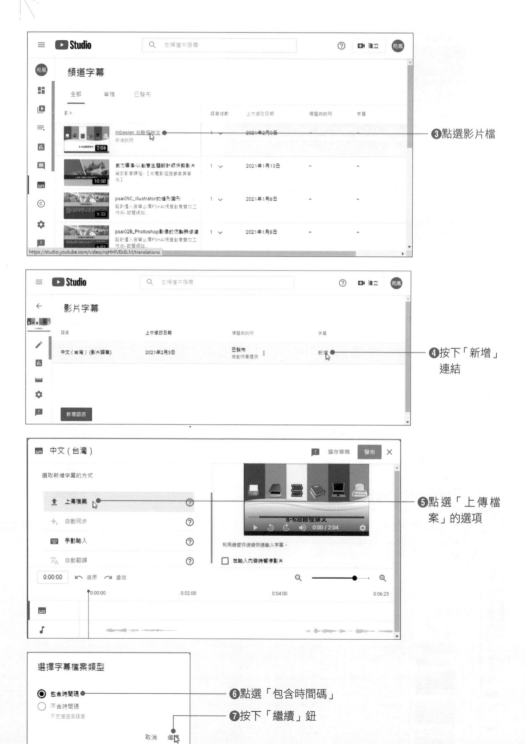

❸點選影片檔

❹按下「新增」連結

❺點選「上傳檔案」的選項

❻點選「包含時間碼」

❼按下「繼續」鈕

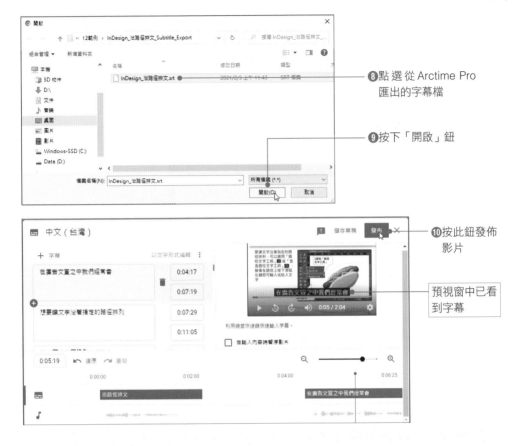

❽點 選 從 Arctime Pro 匯出的字幕檔

❾按下「開啟」鈕

❿按此鈕發佈 影片

預視窗中已看 到字幕

影片發布之後，當瀏覽者觀看你的影片時，就可以看到剛剛所加入的字幕了！

顯示加入的字幕效果

當你的影片有加入 CC 字幕（Closed Caption），除了提高觀賞體驗以外，搜尋引擎還能夠判讀與理解影片內容，非台灣的瀏覽者在觀賞你的影片時，就可以透過影片右下角的 ⚙ 鈕下拉選擇「自動翻譯」的選項，再選擇想要顯示的語系即可。

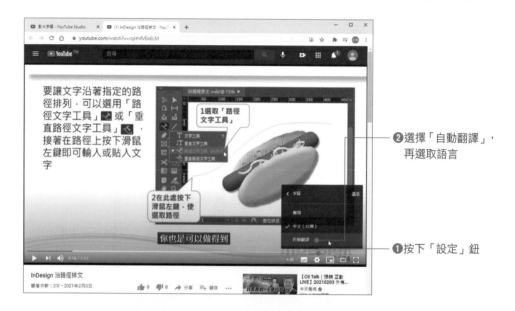

❷ 選擇「自動翻譯」，再選取語言

❶ 按下「設定」鈕

如下圖所示，輕鬆將你的熱門影片轉換成英文或日文的字幕了！

 編輯小技巧

CC 字幕（Closed Caption）就是隱藏式字幕，也是 YouTube 支援的字幕檔格式，主要在於視覺有障礙或耳聾的觀眾也能享有完整收視電視資訊的權利，CC 字幕還可以轉換成許多種語言，很多受歡迎的影片內容都會有 CC 字幕。

A

老鳥鐵了心都要懂得最夯網路
行銷與 YouTuber 專業術語

每個行業都有該領域的專業術語，數位行銷業與 SEO 領域也不例外，面對一個已經成熟的數位行銷環境，通常不是經常在電子商務領域工作的從業人員，對這些術語可能就沒這麼熟悉了，以下我們特別整理出這個領域中常見的專業術語：

- **Accelerated Mobile Pages，AMP（加速行動網頁）**：是 Google 的一種新項目，網址前面顯示一個小閃電型符號，設計的主要目的是在追求效率，就是簡化版 HTML，透過刪掉不必要的 CSS 以及 JavaScript 功能與來達到速度快的效果，對於圖檔、文字字體、特定格式等限定，網頁如果有製作 AMP 頁面，幾乎不需要等待就能完整瀏覽頁面與加載完成，因此 AMP 也有加強 SEO 作用。

- **Active User（活躍使用者）**：在 Google Analytics「活躍使用者」報表可以讓分析者追蹤 1 天、7 天、14 天或 28 天內有多少使用者到您的網站拜訪，進而掌握使用者在指定的日期內對您網站或應用程式的熱衷程度。

- **Ad Exchange（廣告交易平台）**：類似一種股票交易平臺的概念運作，讓廣告賣方和聯繫在一起，在此進行媒合與競價。

- **Advertising（廣告主）**：出錢買廣告的一方，例如最常見的電商店家。

- **Advertorial（業配）**：所謂「業配」是「業務配合」的簡稱，也就是商家付錢請電視台的業務部或是網路紅人對該店家進行採訪，透過電視台的新聞播放或網路紅人的推薦，例如在自身創作影片上以分享產品及商品介紹為主的內容，達成品牌置入性行銷廣告目的，透過影片即可達到觀眾獲取歸屬感，來吸引更多的用戶眼球，並讓觀看者跟著對產品趨之若鶩。

- **Agency（代理商）**：有些廣告對於廣告投放沒有任何經驗，通常會選擇直接請廣告代理商來幫忙規劃與操作。

- **Affiliate Marketing（聯盟行銷）**：在歐美是已經廣泛被運用的廣告行銷模式，是一種讓網友與商家形成聯盟關係的新興數位行銷模式，廠商與聯盟會員利用聯盟行銷平台建立合作夥伴關係，讓沒有產品的推廣者也能輕鬆幫忙銷售商品。

- **AppStore**：是蘋果公司針對使用 iOS 作業系統的系列產品，讓用戶可透過手機或上網購買或免費試用裡面 App。

- **Apple Pay**：是 Apple 的一種手機信用卡付款方式，只要使用該公司推出的 iPhone 或 Apple Watch（iOS 9 以上）相容的行動裝置，並將自己卡號輸入 iPhone 中的 Wallet App，經過驗證手續完畢後，就可以使用 Apple Pay 來購物，還比傳統信用卡來得安全。

- **Application（App）**：就是軟體開發商針對智慧型手機及平版電腦所開發的一種應用程式，APP 涵蓋的功能包括了圍繞於日常生活的各項需求。

- **Application Service Provider，ASP（應用軟體租賃服務業）**：業只要可以透過網際網路或專線，以租賃的方式向提供軟體服務的供應商承租，定期僅需固定支付租金，即可迅速導入所需之軟體系統，並享有更新升級的服務。

- **Artificial Intelligence，AI（人工智慧）**：人工智慧的概念最早是由美國科學家John McCarthy 於 1955 年提出，目標為使電腦具有類似人類學習解決複雜問題與展現思考等能力，也就是由電腦所模擬或執行，具有類似人類智慧或思考的行為，例如推理、規畫、問題解決及學習等能力。

- **Asynchronous JavaScript and XML，AJAX**：是一種新式動態網頁技術，結合了Java 技術、XML 以及 JavaScript 技術，類似 DHTML。可提高網頁開啓的速度、互動性與可用性，並達到令人驚喜的網頁特效。

- **Augmented Reality，AR（擴增實境）**：就是一種將虛擬影像與現實空間互動的技術，透過攝影機影像的位置及角度計算，在螢幕上讓真實環境中加入虛擬畫面，強調的不是要取代現實空間，而是在現實空間中添加一個虛擬物件，並且能夠即時產生互動，各位應該看過電影鋼鐵人在與敵人戰鬥時，頭盔裡會自動跑出敵人路徑與預估火力，就是一種 AR 技術的應用。

- **Average Order Value，AOV（平均訂單價值）**：所有訂單帶來收益的平均金額，AOV 越高當然越好。

- **Avg. Session Duration（平均工作階段時間長度）**：「平均工作階段時間長度」是指所有工作階段的總時間長度（秒）除以工作階段總數所求得的數值。網站訪客平均單次訪問停留時間，這個時間當然是越長越好。

- **Avg. Time on Page（平均網頁停留時間）**：是用來顯示訪客在網站特定網頁上的平均停留時間。

- **Backlink（反向連結）**：「反向連結」（Backlink）就是從其他網站連到你的網站的連結，如果你的網站擁有優質的反向連結（例如：新聞媒體、學校、大企業、政府網站），代表你的網站越多人推薦，當反向連結的網站越多、就越被搜尋引擎所重視。

- **Bandwidth（頻寬）**：是指固定時間內網路所能傳輸的資料量，通常在數位訊號中是以 bps 表示，即每秒可傳輸的位元數（bits per second）。

- **Banner Ad（橫幅廣告）**：最常見的收費廣告，自1994年推出以來就廣獲採用至今，在所有與品牌推廣有關的網路行銷手段中，橫幅廣告的作用最為直接，主要利用在網頁上的固定位置，至於橫幅廣告活動要能成功，全賴廣告素材的品質。

- **Beacon**：是種藉由低功耗藍牙技術（Bluetooth Low Energy，BLE），藉由室內定位技術應用，可做為物聯網和大數據平台的小型串接裝置，具有主動推播行銷應用特性，比 GPS 有更精準的微定位功能，是連結店家與消費者的重要環節，只要手機安裝特定 App，透過藍芽接收到代碼便可觸發 App 做出對應動作，可以包括在室內導航、行動支付、百貨導覽、人流分析、物品追蹤等近接感知應用。

- **Big data（大數據）**：由 IBM 於 2010 年提出，大數據不僅僅是指更多資料而已，主要是指在一定時效（Velocity）內進行大量（Volume）且多元性（Variety）資料的取得、分析、處理、保存等動作，主要特性包含三種層面：大量性（Volume）、速度性（Velocity）及多樣性（Variety）。

- **Black hat SEO（黑帽 SEO）**：「黑帽 SEO」（Black hat SEO）是指有些手段較為激進的 SEO 做法，希望透過欺騙或隱瞞搜尋引擎演算法的方式，獲得排名與免費流量，常用的手法包括在建立無效關鍵字的網頁、隱藏關鍵字、關鍵字填充、購買舊網域、不相關垃圾網站建立連結或付費購買連結等。

- **Bots Traffic（機器人流量）**：非人為產生的作假流量，就是機器流量的俗稱。

- **Bounce Rate（跳出率、彈出率）**：是指單頁造訪率，也就是訪客進入網站後在固定時間內（通常是 30 分鐘）只瀏覽了一個網頁就離開網站的次數百分比，這個比例數字越低越好，愈低表示你的內容抓住網友的興趣跳出率太高多半是網站設計不良所造成。

- **Breadcrumb Trail（麵包屑導覽列）**：也稱為導覽路徑，是一種基本的橫向文字連結組合，透過層級連結來帶領訪客更進一步瀏覽網站的方式，對於提高用戶體驗來說，是相當有幫助。

- **Business to Business，B2B（企業對企業間）**：指的是企業與企業間或企業內透過網際網路所進行的一切商業活動。例如上下游企業的資訊整合、產品交易、貨物配送、線上交易、庫存管理等。

- **Business to Customer，B2C（企業對消費者間）**：是指企業直接和消費者間的交易行為，一般以網路零售業為主，將傳統由實體店面所銷售的實體商品，改以透過網際網路直接面對消費者進行實體商品或虛擬商品的交易活動，大大提高了交易效率，節省了各類不必要的開支。

- **Button Ad（按鈕式廣告）**：是一種小面積的廣告形式，因為收費較低，較符合無法花費大筆預算的廣告主，例如：Call-to-Action，CAT（行動號召）鈕就是一個按鈕式廣告模式，就是希望召喚消費者去採取某些有助消費的活動。

- **Buzz Marketing（話題行銷）**：或稱蜂鳴行銷和口碑行銷類似，企業或品牌利用最少的方法主動進行宣傳，在討論區引爆話題，造成人與人之間的口耳相傳，如蜜蜂在耳邊嗡嗡作響的 buzz，然後再吸引媒體與消費者熱烈討論。

- **Call-to-Action，CAT（行動號召）**：希望訪客去達到某些目的的行動，就是希望召喚消費者去採取某些有助消費的活動，例如故意將訪客引導至網站策劃的「到達頁面」（Landing Page），會有特別的 CAT，讓訪客參與店家企畫的活動。

- **Cascading Style Sheets，CSS**：一般稱之為串聯式樣式表，其作用主要是為了加強網頁上的排版效果（圖層也是 CSS 的應用之一），可以用來定義 HTML 網頁上物件的大小、顏色、位置與間距，甚至是為文字、圖片加上陰影等等功能。

- **Channel Grouping（管道分組）**：因為每一個流量的來源特性不一致，而且網路流量的來源可能非常多種管道，為了有效管理及分析各個流量的成效，就有必要將流量根據它的性質來加以分類，這就是所謂的管道分組（Channel Grouping）。

- **Churn Rate（流失率）**：代表你的網站中一次性消費的顧客，佔所有顧客裡面的比率，這個比率當然是越低越好。

- **Click（點擊數）**：是指網路用戶使用滑鼠點擊某個廣告的次數，每點選一次即稱為 one click。

- **Click Through Rate，CTR（點閱率）**：或稱為點擊率，是指在廣告曝光的期間內有多少人看到廣告後決定按下的人數百分比，也就是是指廣告獲得的點擊次數除以曝光次數的點閱百分比，可作為一種衡量網頁熱門程度的指標。

- **Cloud Computing（雲端運算）**：已經被視為下一波電子商務與網路科技結合的重要商機，雲端運算時代來臨將大幅加速電子商務市場發展，「雲端」其實就是泛指「網路」，來表達無窮無際的網路資源，代表了龐大的運算能力。

- **Cloud Service（雲端服務）**：其實就是「網路運算服務」，如果將這種概念進而衍伸到利用網際網路的力量，透過雲端運算將各種服務無縫式的銜接，讓使用者可以連接與取得由網路上多台遠端主機所提供的不同服務。

- **Computer Version，CV（電腦視覺）**：CV 是一種研究如何使機器「看」的系統，讓機器具備與人類相同的視覺，以做為產品差異化與大幅提升系統智慧的手段。

- **Content Marketing（內容行銷）**：滿足客戶對資訊的需求，與多數傳統廣告相反，是一門與顧客溝通但不做任何銷售的藝術，就在於如何設定內容策略，可以既不直接宣傳產品，不但能達到吸引目標讀者，又能夠圍繞在產品周圍，並且讓消費者喜歡，最後驅使消費者採取購買行動的行銷技巧，形式可以包括文章、圖片、影片、網站、型錄、電子郵件等。

- **Conversion Rate Optimization，CRO（轉換優化）**：則是藉由讓網站內容優化來提高轉換率，達到以最低的成本得到最高的投資報酬率。轉換優化是數位行銷當中至關重要的環節，涉及了解使用者如何在您的網站上移動與瀏覽細節，電商品牌透過優化每一個階段的轉換率，讓顧客對瀏覽的體驗過程更加滿意，提升消費者購買的意願，一步步地把訪客轉換為顧客。

- **Cookie（餅乾）**：小型文字檔，網站經營者可以利用 Cookies 來瞭解到使用者的造訪記錄，例如造訪次數、瀏覽過的網頁、購買過哪些商品等。

- **Cost of Acquiring，CAC（客戶購置成本）**：所有說服顧客到你的網店購買之前所有投入的花費。

- **Crowdfunding（群眾集資）**：群眾集資就是過群眾的力量來募得資金，使 C2C 模式由生產銷售模式，延伸至資金募集模式，以群眾的力量共築夢想，來支持個人或組織的特定目標。近年來群眾募資在各地掀起浪潮，募資者善用網際網路吸引世界各地的大眾出錢，用小額贊助來尋求贊助各類創作與計畫。

- **Customization（客制化）**：是廠商依據不同顧客的特性而提供量身訂製的產品與不同的服務，消費者可在任何時間和地點，透過網際網路進入購物網站買到各種式樣的個人化商品。

- **Conversion Rate，CR（轉換率）**：網路流量轉換成實際訂單的比率，訂單成交次數除以同個時間範圍內帶來訂單的廣告點擊總數，就是從網路廣告過來的訪問者中最終成交客戶的比率。

- **Cross-Border Ecommerce（跨境電商）**：是全新的一種國際電子商務貿易型態，也就是消費者和賣家在不同的關境（實施同一海關法規和關稅制度境域）交易主體，透過電子商務平台完成交易、支付結算與國際物流送貨、完成交易的一種國際商業活動，讓消費者滑手機，就能直接購買全世界任何角落的商品。

- **Cross-selling（交叉銷售）**：當顧客進行消費的時候，發現顧客可能有多種需求時，說服顧客增加花費而同時售賣出多種相關的服務及產品。

- **Computer Version，CV（電腦視覺）**：是一種研究如何使機器「看」的系統，讓機器具備與人類相同的視覺，以做為產品差異化與大幅提升系統智慧的手段。

- **Content Marketing（內容行銷）**：內容行銷是一門與顧客溝通但不做任何銷售的藝術，形式可以包括文章、圖片、影片、網站、型錄、電子郵件等，必須避免直接明示產品或服務，透過消費者感興趣的內容來潛移默化傳遞品牌價值，更容易帶來長期的行銷效益，甚至進一步讓人們主動幫你分享內容，以達到產品行銷的目的。

- **Cost per ActionCPA（回應數收費）**：廣告店家付出的行銷成本是以實際行動效果來計算付費，例如註冊會員、下載 APP、填寫問卷等。畢竟廣告對店家而言，最實際的就是廣告期間帶來的訂單數，可以有效降低廣告店家的廣告投放風險。

- **Cost Per Click，CPC（點擊數收費）**：一種按點擊數付費廣告方式，是指搜尋引擎的付費競價排名廣告推廣形式，就是按照點擊次數計費，不管廣告曝光量多少，沒人點擊就不用付錢。例如關鍵字廣告一般採用這種定價模式，不過這種方式比較容易作弊，經常導致廣告店家利益受損。

- **Cost per Impression，CPI（播放數收費）**：傳統媒體多採用這種計價方式，是以廣告總共播放幾次來收取費用，通常對廣告店家較不利，不過由於手機播放較容易吸引用戶的注意，仍然有些行動廣告是使用這種方式。

- **Cost per Mille，CPM（廣告千次曝光費用）**：全文應該是 Cost per Mille Impression，指廣告曝光一千次所要花費的費用，就算沒有產生任何點擊，要千次曝光就會計費，通常多在數百元之間。

- **Cost per Sales，CPS（實際銷售筆數付費）**：近年日趨流行的計價收方式，按照廣告點擊後產生的實際銷售筆數付費，也就是點擊進入廣告不用收費，算是一種 CPA 的變種廣告方式，目前相當受到許多電子商務網站歡迎，例如各大網路商城廣告。

- **Cost Per Lead，CPL（每筆名單成本）**：以收集潛在客戶名單的數量來收費，也算是一種 CPC 的變種方式，例如根據聯盟行銷的會員數推廣效果來付費。

- **Cost Per Response，CPR（訪客留言付費）**：根據每位訪客留言回應的數量來付費，這種以訪客的每一個回應計費方式是屬於輔助銷售的廣告模式。

- **Coverage Rate（覆蓋率）**：一個用來記錄廣告實際與希望觸及到了多少人的百分比。

- **Creative Commons，CC（創用CC）**：是源自著名法律學者美國史丹佛大學 Lawrence Lessig 教授於 2001 年在美國成立 Creative Commons 非營利性組織，

目的在提供一套簡單、彈性的「保留部分權利」（Some Rights Reserved）著作權授權機制。

● **Creator（創作者）**：包含文字、相片與影片內容的人，例如像 blogger、YouTuber。

● **Customer's Lifetime value，CLV（顧客終身價值）**：是指每一位顧客未來可能為企業帶來的所有利潤預估值，也就是透過購買行為，企業會從一個顧客身上獲得多少營收。

● **Customer Relationship Management，CRM（顧客關係管理）**：顧客關係管理（CRM）是由 BrianSpengler 在 1999 年提出，最早開始發展顧客關係管理的國家是美國。CRM 的定義是指企業運用完整的資源，以客戶為中心的目標，讓企業具備更完善的客戶交流能力，透過所有管道與顧客互動，並提供適當的服務給顧客。

● **Customer-to-Busines，C2B（消費者對企業型電子商務）**：是一種將消費者帶往供應者端，並產生消費行為的電子商務新類型，也就是主導權由廠商手上轉移到了消費者手中。

● **Customer-to-Customer，C2C（客戶對客戶型的電子商務）**：就是個人使用者透過網路供應商所提供的電子商務平臺與其他消費者進行直接交易的商業行為，消費者可以利用此網站平臺販賣或購買其他消費者的商品。

● **Cybersquatter（網路蟑螂）**：近年來網路出現了出現了一群搶先一步登記知名企業網域名稱的「網路蟑螂」（Cybersquatter），讓網域名稱爭議與搶註糾紛日益增加，不願妥協的企業公司就無法取回與自己企業相關的網域名稱。

● **Database Marketing（資料庫行銷）**：是利用資料庫技術動態的維護顧客名單，並加以尋找出顧客行為模式特和潛在需求，也就是回到行銷最基本的核心「分析消費者行為」，針對每個不同喜好的客戶給予不同的行銷文宣以達到企業對目標客戶的需求供應。

● **Data Highlighter（資料螢光筆）**：是一種 Google 網站管理員工具，讓您以點選方式進行操作，只需透過滑鼠就可以讓資料螢光筆標記網站上的重要資料欄位（如標題、描述、文章、活動等）。

● **Data Mining（資料探勘）**：則是一種資料分析技術，可視為資料庫中知識發掘的一種工具，可以從一個大型資料庫所儲存的資料中萃取出有價值的知識，廣泛應用於各行各業中，現代商業及科學領域都有許多相關的應用。

- **Data Warehouse（資料倉儲）**：於 1990 年由資料倉儲 Bill Inmon 首次提出，是以分析與查詢為目的所建置的系統，目的是希望整合企業的內部資料，並綜合各種外部資料，經由適當的安排來建立一個資料儲存庫。

- **Data Manage Platform，DMP（數據管理平台）**：主要應用於廣告領域，是指將分散的大數據進行整理優化，確實拼湊出顧客的樣貌，進而再使用來投放精準的受眾廣告，在數位行銷領域扮演重要的角色。

- **Data Science（資料科學）**：就是為企業組織解析大數據當中所蘊含的規律，就是研究從大量的結構性與非結構性資料中，透過資料科學分析其行為模式與關鍵影響因素，也就是在模擬決策模型，進而發掘隱藏在大數據資料背後的商機。

- **Deep Learning，DL（深度學習）**：算是 AI 的一個分支，也可以看成是具有層次性的機器學習法，源自於類神經網路（Artificial Neural Network）模型，並且結合了神經網路架構與大量的運算資源，目的在於讓機器建立與模擬人腦進行學習的神經網路，以解釋大數據中圖像、聲音和文字等多元資料。

- **Demand Side Platform，DSP（需求方服務平台）**：可以讓廣告主在平台上操作跨媒體的自動化廣告投放，像是設置廣告的目標受眾、投放的裝置或通路、競價方式、出價金額等等。

- **Differentiated Marketing（差異化行銷）**：現代企業為了提高行銷的附加價值，開始對每個顧客量身打造產品與服務，塑造個人化服務經驗與採用差異化行銷（Differentiated Marketing），蒐集並分析顧客的購買產品與習性，並針對不同顧客需求提供產品與服務，為顧客提供量身訂作式的服務。

- **Digital Marketing（數位行銷）**：或稱為網路行銷（Internet Marketing），是一種雙向的溝通模式，能幫助無數電商網站創造訂單創造收入，本質其實和傳統行銷一樣，最終目的都是為了影響目標消費者（Target Audience），主要差別在於行銷溝通工具不同，現在則可透過網路通訊的數位性整合，使文字、聲音、影像與圖片可以結合在一起，讓行銷的標的變得更為生動與即時。

- **Dimension（維度）**：Google Analytics 報表中所有的可觀察項目都稱為「維度（dimension）」，例如訪客的特徵：這位訪客是來自哪一個國家／地區，或是這位訪客是使用哪一種語言。

- **Direct Traffic（直接流量）**：指訪問者直接輸入網址產生的流量，例如透過別人的電子郵件，然後透過信件中的連結到你的網站。

- **Directory listing submission，DLS（網站登錄）**：如果想增加網站曝光率，最簡便的方式可以在知名的入口網站中登錄該網站的基本資料，讓眾多網友可以透過搜尋引擎找到，稱為「網站登錄」（Directory listing submission，DLS）。國內知名的入口及搜尋網站如 PChome、Google、Yahoo! 奇摩等，都提供有網站資訊登錄的服務。

- **Down-sell（降價銷售）**：當顧客對於銷售產品或服務都沒有興趣時，唯一一個銷售策略就是降價銷售。

- **E-commerce ecosystem（電子商務生態系統）**：則是指以電子商務為主體結合商業生態系統概念。

- **E-Distribution（電子配銷商）**：是最普遍也最容易了解的網路市集，將數千家供應商的產品整合到單一線上電子型錄，一個銷售者服務多家企業，主要優點是銷售者可以為大量的客戶提供更好的服務，將數千家供應商的產品整合到單一電子型錄上。

- **E-Learning（數位學習）**：是指在網際網路上建立一個方便的學習環境，在線上存取流通的數位教材，進行訓練與學習，讓使用者連上網路就可以學習到所需的知識，且與其他學習者互相溝通，不受空間與時間限制，也是知識經濟時代提升人力資源價值的新利器，可以讓學習者學習更方便、自主化的安排學習課程。

- **Electronic Commerce，EC（電子商務）**：就是一種在網際網路上所進行的交易行為，等與「電子」加上「商務」，主要是將供應商、經銷商與零售商結合在一起，透過網際網路提供訂單、貨物及帳務的流動與管理。

- **Electronic FundsTransfer，EFT（電子資金移轉或稱為電子轉帳）**：使用電腦及網路設備，通知或授權金融機構處理資金往來帳戶的移轉或調撥行為。例如在電子商務的模式中，金融機構間之電子資金移轉（EFT）作業就是一種 B2B 模式。

- **Electronic Wallet（電子錢包）**：是一種符合安全電子交易的電腦軟體，就是你在網路上購買東西時，可直接用電子錢包付錢，而不會看到個人資料，將可有效解決網路購物的安全問題。

- **Email Direct Marketing（電子報行銷）**：依舊是企業經營老客戶的主要方式，多半是由使用者訂閱，再經由信件或網頁的方式來呈現行銷訴求。由於電子報費用相對低廉，加上可以追蹤，這種作法將會大大的節省行銷時間及提高成交率。

- **Email Marketing（電子郵件行銷）**：含有商品資訊的廣告內容，以電子郵件的方式寄給不特定的使用者，除擁有成本低廉的優點外，更大的好處其實是能夠發揮「病毒式行銷」（Viral Marketing）的威力，創造互動分享（口碑）的價值。

- **E-MarketPlace（電子交易市集）**：在全球電子商務發展中所扮演的角色日趨重要，改變了傳統商場的交易模式，透過網路與資訊科技輔助所形成的虛擬市集，本身是一個網路的交易平台，具有能匯集買主與供應商的功能，其實就是一個市場，各種買賣都在這裡進行。

- **Engaged time（互動時間）**：了解網站內容和瀏覽者的互動關係，最理想的方式是紀錄他們實際上在網站互動與閱讀內容的時間。

- **Enterprise Information Portal，EIP（企業資訊入口網站）**：是指在 Internet 的環境下，將企業內部各種資源與應用系統，整合到企業資訊的單一入口中。EIP 也是未來行動商務的一大利器，以企業內部的員工為對象，只要能夠無線上網，為顧客提供服務時，一旦臨時需要資料，都可以馬上查詢，讓員工幫你聰明地賺錢，還能更多元化的服務員工。

- **E-Procurement（電子採購商）**：是擁有的許多線上供應商的獨　第三方仲介，因為它們會同時包含競爭供應商和競爭電子配銷商的型錄，主要優點是可以透過賣方的競標，達到降低價格的目的，有利於買方來控制價格。

- **E-Tailer（線上零售商）**：是銷售產品與服務給個別消費者，而賺取銷售的收入，使製造商　容　地直接銷售產品給消費者，而除去中間商的部份。

- **Exit Page（離開網頁）**：離開網頁是指於使用者工作階段中最後一個瀏覽的網頁。是指使用者瀏覽網站的過程中，訪客離開網站的最終網頁的機率。也就是說，離開率是計算網站多個網頁中的每一個網頁是訪客離開這個網站的最後一個網頁的比率。

- **Exit Rate（離站率）**：訪客在網站上所有的瀏覽過程中，進入某網頁後離開網站的次數，除以所有進入包含此頁面的總次數。

- **Expert System，ES（專家系統）**：是一種將專家（如醫生、會計師、工程師、證券分析師）的經驗與知識建構於電腦上，以類似專家解決問題的方式透過電腦推論某一特定問題的建議或解答。例如環境評估系統、醫學診斷系統、地震預測系統等都是大家耳熟能詳的專業系統。

- **eXtensible Markup Language，XML（可延伸標記語言）**：中文譯為「可延伸標記語言」，可以定義每種商業文件的格式，並且能在不同的應用程式中都能使用，由

全球資訊網路標準制定組織 W3C，根據 SGML 衍生發展而來，是一種專門應用於電子化出版平台的標準文件格式。

- **External link（反向連結）**：就是從其他網站連到你的網站的連結，如果你的網站擁有優質的反向連結（例如：新聞媒體、學校、大企業、政府網站），代表你的網站越多人推薦，當反向連結的網站越多、就越被搜尋引擎所重視。

- **Extranet（商際網路）**：是為企業上、下游各相關策略聯盟企業間整合所構成的網路，需要使用防火牆管理，通常 Extranet 是屬於 Intranet 的子網路，可將使用者延伸到公司外部，以便客戶、供應商、經銷商以及其它公司，可以存取企業網路的資源。

- **Fashionfluencer（時尚網紅）**：在時尚界具有話語權的知名網紅。

- **Featured Snippets（精選摘要）**：Google 從 2014 年起，為了提升用戶的搜尋經驗與針對所搜尋問題給予最直接的解答，會從前幾頁的搜尋結果節錄適合的答案，並在 SERP 頁面最顯眼的位置產生出內容區塊（第 0 個位置），通常會以簡單的文字、表格、圖片、影片，或條列解答方式，內容包括商品、新聞推薦、國際匯率、運動賽事、電影時刻表、產品價格、天氣，與知識問答等，還會在下方帶出店家網站標題與網址。

- **Fifth-Generation（5G）**：是行動電話系統第五代，也是 4G 之後的延伸，5G 技術是整合多項無線網路技術而來，包括幾乎所有以前幾代行動通訊的先進功能，對一般用戶而言，最直接的感覺是 5G 比 4G 又更快、更不耗電，預計未來將可實現 10Gbps 以上的傳輸速率。這樣的傳輸速度下可以在短短 6 秒中，下載 15GB 完整長度的高畫質電影。

- **File Transfer Protocol，FTP（檔案傳輸協定）**：透過此協定，不同電腦系統，也能在網際網路上相互傳輸檔案。檔案傳輸分為兩種模式：下載（Download）和上傳（Upload）。

- **Financial Electronic Data Interchange，FEDI（金融電子資料交換）**：是一種透過電子資料交換方式進行企業金融服務的作業介面，就是將 EDI 運用在金融領域，可作為電子轉帳的建置及作業環境。

- **Filter（過濾）**：是指捨棄掉報表上不需要或不重要的數據。

- **Fitfluencer（健身網紅）**：經常在針對運動、健身或瘦身、飲食分享許多經驗及小撇步，例如知名的館長。

- **Followers（追蹤訂閱）**：增加訂閱人數，主動將網站新資訊傳送給他們，是提高品牌忠誠度與否的一大指標。

- **Foodfluencer（美食網紅）**：指在美食、烹調與餐飲領域有影響力的人，通常會分享餐廳、美食、品酒評論等。

- **Fourth-generation（4G）**：行動電話系統的第四代，是 3G 之後的延伸，為新一代行動上網技術的泛稱，傳輸速度理論值約比 3.5G 快 10 倍以上，能夠達成更多樣化與私人化的網路應用。LTE（Long Term Evolution，長期演進技術）是全球電信業者發展 4G 的標準。

- **Fragmentation Era（碎片化時代）**：代表現代人的生活被很多碎片化的內容所切割，因此想要抓住受眾的眼球越來越難，同樣的品牌接觸消費者的地點也越來越不固定，接觸消費者的時間越來越短暫，碎片時間搖身一變成為贏得消費者的黃金時間。

- **Fraud（作弊）**：特別是指流量作弊。

- **Gamification Marketing（遊戲化行銷）**：是指將遊戲中有好玩的元素與機制，透過行銷活動讓受眾「玩遊戲」，同時深化參與感，將你的目標客戶緊緊黏住，因此成了各個品牌不斷探索的新行銷模式。

- **Google AdWords（關鍵字廣告）**：是一種 Google 推出的關鍵字行銷廣告，包辦所有 google 的廣告投放服務，例如您可以根據目標決定出價策略，選擇正確的廣告出價類型，例如是否要著重在獲得點擊、曝光或轉換。Google Adwords 的運作模式就好像世界級拍賣會，瞄準你想要購買的關鍵字，出一個你覺得適合的價格，如果你的價格比別人高，你就有機會取得該關鍵字，並在該關鍵字曝光你的廣告。

- **Google Analytics，GA**：Google 所提供的 Google Analytics（GA）就是一套免費且功能強大的跨平台網路行銷流量分析工具，能提供最新的數據分析資料，包括網站流量、訪客來源、行銷活動成效、頁面拜訪次數、訪客回訪等，幫助客戶有效追蹤網站數據和訪客行為，稱得上是全方位監控網站與 APP 完整功能的必備網站分析工具。

- **Google Analytics Tracking Code（Google Analytics 追蹤碼）**：這組追蹤碼會追蹤到訪客在每一頁上所進行的行為，並將資料送到 Google Analytics 資料庫，再透過各種演算法的運算與整理，再將這些資料以儲存起來，並在 Google Analytics 以各種類型的報表呈現。

- **Google Data Studio**：是一套免費的資料視覺化製作報表的工具，它可以串接多種 Google 的資料，再將所取得的資料結合該工具的多樣圖表、版面配置、樣式設定⋯ 等功能，讓報表以更為精美的外觀呈現。

- **Google Hummingbird（蜂鳥演算法）**：蜂鳥演算法 與以前的熊貓演算法和企鵝演算法演算模式不同，主要是加入了自然語言處理（Natural Language Processing， NLP）的方式，讓 Google 使用者的查詢，與搜尋搜尋結果更精準且快速，還能打擊過度關鍵字填充，為大幅改善 Google 資料庫的準確性，針對用戶的搜尋意圖進行更精準的理解，去判讀使用者的意圖，期望是給用戶快速精確的答案，而不再是只是一大堆的相關資料。

- **Google Play**：Google 也推出針對 Android 系統所提供的一個線上應用程式服務平台 Google Play，透過 Google Play 網頁可以尋找、購買、瀏覽、下載及評比使用手機免費或付費的 App 和遊戲，Google Play 為一開放性平台，任何人都可上傳其所發發的應用程式。

- **Google Panda（熊貓演算法）**：熊貓演算法主要是一種確認優良內容品質的演算法，負責從搜索結果中刪除內容整體品質較差的網站，目的是減少內容農場或劣質網站的存在，例如有複製、抄襲、重複或內容不良的網站，特別是避免用目標關鍵字填充頁面或使用不正常的關鍵字用語，這些將會是熊貓演算法首要打擊的對象，只要是原創品質好又經常更新內容的網站，一定會獲得 Google 的青睞。

- **Google Penguin（企鵝演算法）**：我們知道連結是 Google SEO 的重要因素之一，企鵝演算法主要是為了避免垃圾連結與垃圾郵件的不當操縱，並確認優良連結品質的演算法，Google 希望網站的管理者應以產生優質的外部連結為目的，垃圾郵件或是操縱任何鏈接都不會帶給網站額外的價值，不要只是為了提高網站流量、排名，刻意製造相關性不高或虛假低品質的外部連結。

- **Graphics Processing Unit，GPU（圖形處理器）**：可說是近年來科學計算領域的最大變革，是指以圖形處理單元（GPU）搭配 CPU，GPU 則含有數千個小型且更高效率的 CPU，不但能有效處理平行運算（Parallel Computing），還可以大幅增加運算效能。

- **Gray hat SEO（灰帽 SEO）**：是一種介於黑帽 SEO 跟白帽 SEO 的優化模式，簡單來說，就是會有一點投機取巧，卻又不會嚴重的犯規，用險招讓網站承擔較小風險，遊走於規則的「灰色地帶」，因為這樣可以利用某些技巧藉來提升網站排名，同時又不會被搜尋引擎懲罰到，例如一些連結建置、交換連結、適當反覆使用關

鍵字（盡量不違反 Google 原則）等及改寫別人文章，不過仍保有一定可讀性，也是目前很多 SEO 團隊比較偏好的優化方式。

- **Global Positioning System，GPS（全球定位系統）**：是透過衛星與地面接收器，達到傳遞方位訊息、計算路程、語音導航與電子地圖等功能，目前有許多汽車與手機都安裝有 GPS 定位器作為定位與路況查詢之用。

- **Growth Hacking（成長駭客）**：主要任務就是跨領域地結合行銷與技術背景，直接透過「科技工具」和「數據」的力量來短時間內快速成長與達成各種增長目標，所以更接近「行銷 + 程式設計」的綜合體。成長駭客和傳統行銷相比，更注重密集的實驗操作和資料分析，目的是創造真正流量，達成增加公司產品銷售與顧客的營利績效。

- **Guy Kawasaki（蓋伊‧川崎）**：社群媒體的網紅先驅者，經常會分享重要的社群行銷觀念。

- **Hadoop**：源自 Apache 軟體基金會（Apache Software Foundation）底下的開放原始碼計劃（Open source project），為了因應雲端運算與大數據發展所開發出來的技術，使用 Java 撰寫並免費開放原始碼，用來儲存、處理、分析大數據的技術，兼具低成本、靈活擴展性、程式部署快速和容錯能力等特點。

- **Hashtag（主題標籤）**：只要在字句前加上 #，便形成一個標籤，用以搜尋主題，是目前社群網路上相當流行的行銷工具，不但已經成為品牌行銷重要一環，可以利用時下熱門的關鍵字，並以 Hashtag 方式提高曝光率。

- **Heat map（熱度圖、熱感地圖）**：在一個圖上標記哪項廣告經常被點選，是獲得更多關注的部分，可瞭解使用者有興趣的瀏覽區塊。

- **High Performance Computing，HPC（高效能運算）**：能力則是透過應用程式平行化機制，就是在短時間內完成複雜、大量運算工作，專門用來解決耗用大量運算資源的問題。

- **Horizontal Market（水平式電子交易市集）**：水平式電子交易市集的產品是跨產業領域，可以滿足不同產業的客戶需求。此類網交易商品，都是一些具標準化流程與服務性商品，同時也比較不需要個別產業專業知識與銷售與服務，可以經由電子交易市集可進行統一採購，讓所有企業對非專業的共同業務進行採買或交易。

- **Host Card Emulation，HCE（主機卡模擬）**：Google 於 2013 年底所推出的行動支付方案，可以透過 APP 或是雲端服務來模擬 SIM 卡的安全元件。HCE（Host Card

Emulation）的加入已經悄悄點燃了行動支付大戰，僅需 Android 5.0（含）版本以上且內建 NFC 功能的手機，申請完成後卡片資訊（信用卡卡號）將會儲存於雲端支付平台，交易時由手機發出一組虛擬卡號與加密金鑰來驗證，驗證通過後才能完成感應交易，能避免刷卡時卡片資料外洩的風險。

- **Hotspot（熱點）**：是指在公共場所提供無線區域網路（WLAN）服務的連結地點，讓大眾可以使用筆記型電腦或 PDA，透過熱點的「無線網路橋接器」（AP）連結上網際網路，無線上網的熱點愈多，無線上網的涵蓋區域便愈廣。

- **Hunger Marketing（飢餓行銷）**：是以「賣完為止、僅限預購」來創造行銷話題，製造產品一上市就買不到的現象，促進消費者購買該產品的動力，讓消費者覺得數量有限而不買可惜。

- **Hypertext Markup Language，HTML**：標記語言是一種純文字型態的檔案，以一種標記的方式來告知瀏覽器將以何種方式來將文字、圖像等多媒體資料呈現於網頁之中。通常要撰寫網頁的 HTML 語法時，只要使用 Windows 預設的記事本就可以了。

- **Impression，IMP（曝光數）**：經由廣告到網友所瀏覽的網頁上一次即為曝光數一次。

- **Influencer（影響者 / 網紅）**：在網路上某個領域具有影響力的人。

- **Influencer Marketing（網紅行銷）**：虛擬社交圈更快速取代傳統銷售模式，網紅的推薦甚至可以讓廠商業績翻倍，素人網紅似乎在目前的社群平台比明星代言人更具行銷力。

- **Intellectual Property Rights，IPR（智慧財產權）**：劃分為著作權、專利權、商標權等三個範疇進行保護規範，這三種領域保護的智慧財產權並不相同，在制度的設計上也有所差異，例如發明專利、文學和藝術作品、表演、錄音、廣播、標誌、圖像、產業模式、商業設計等等。

- **Internal link（內部連結）**：內部連結指的是在同一個網站上向另一個頁面的超連結對於在超連結前或後的文字或圖片。

- **Internet（網際網路）**：最簡單的說法就是一種連接各種電腦網路的網路，以 TCP/IP 為它的網路標準，也就是說只要透過 TCP/IP 協定，就能享受 Internet 上所有一致性的服務。網際網路上並沒有中央管理單位的存在，而是數不清的個人網路或組織網路，這網路聚合體中的每一成員自行營運與付擔費用。

- **Internet Bank（網路銀行）**：係指客戶透過網際網路與銀行電腦連線，無須受限於銀行營業時間、營業地點之限制，隨時隨地從事資金調度與理財規劃，並可充分

享有隱密性與便利性,即可直接取得銀行所提供之各項金融服務,現代家庭中有許多五花八門的帳單,都可以透過電腦來進行網路轉帳與付費。

- **Internet Celebrity Marketing(網紅行銷)**:並非是一種全新的行銷模式,就像過去品牌找名人代言,主要是透過與藝人結合,提升本身品牌價值,相對於企業砸重金請明星代言,網紅的推薦甚至可以讓廠商業績翻倍,素人網紅似乎在目前的行動平台更具說服力,逐漸地取代過去以明星代言的行銷模式。

- **Internet Content Provider,ICP(線上內容提供者)**:是向消費者提供網際網路資訊服務和增值業務,主要提供有智慧財產權的數位內容產品與娛樂,包括期刊、雜誌、新聞、CD、影帶、線上遊戲等。

- **Internet of Things,IOT(物聯網)**:是近年資訊產業中一個非常熱門的議題,被認為是網際網路興起後足以改變世界的第三次資訊新浪潮,它的特性是將各種具裝置感測設備的物品,例如 RFID、環境感測器、全球定位系統(GPS)雷射掃描器等裝置與網際網路結合起來而形成的一個巨大網路系統,並透過網路技術讓各種實體物件、自動化裝置彼此溝通和交換資訊,也就是透過網路把所有東西都連結在一起

- **Internet Marketing(網路行銷)**:藉由行銷人員將創意、商品及服務等構想,利用通訊科技、廣告促銷、公關及活動方式在網路上執行。

- **Intranet(企業內部網路)**:則是指企業體內的 Internet,將 Internet 的產品與觀念應用到企業組織,透過 TCP/IP 協定來串連企業內外部的網路,以 Web 瀏覽器作為統一的使用者界面,更以 Web 伺服器來提供統一服務窗口。

- **JavaScript**:是一種直譯式(Interpret)的描述語言,是在客戶端(瀏覽器)解譯程式碼,內嵌在 HTML 語法中,當瀏覽器解析 HTML 文件時就會直譯 JavaScript 語法並執行,JavaScript 不只能讓我們隨心所欲控制網頁的介面,也能夠與其他技術搭配做更多的應用。

- **jQuery**:是一套開放原始碼的 JavaScript 函式庫(Library),可以說是目前最受歡迎的 JS 函式庫,不但簡化了 HTML 與 JavaScript 之間與 DOM 文件的操作,讓我們輕鬆選取物件,並以簡潔的程式完成想做的事情,也可以透過 jQuery 指定 CSS 屬性值,達到想要的特效與動畫效果。

- **Key Opinion Leader,KOL(關鍵意見領袖)**:能夠在特定專業領域對其粉絲或追隨者有發言權及強大影響力的人,也就是我們常說的網紅。

- **Keyword（關鍵字）**：就是與各位網站內容相關的重要名詞或片語，也就是在搜尋引擎上所搜尋的一組字，例如企業名稱、網址、商品名稱、專門技術、活動名稱等。

- **Keyword Advertisements（關鍵字廣告）**：是許多商家網路行銷的入門選擇之一，它的功用可以讓店家的行銷資訊在搜尋關鍵字時，會將店家所設定的廣告內容曝光在搜尋結果最顯著的位置，讓各位以最簡單直接的方式，接觸到搜尋該關鍵字的網友所而產生的商機。

- **Landing Page（到達頁）**：到達網頁是指使用者拜訪網站的第一個網頁，這一個網頁不一定是該網站的首頁，只要是網站內所有的網頁都可能是到達網頁。到達頁和首頁最大的不同，就是到達頁只有一個頁面就要完成讓訪客馬上吸睛的任務，通常這個頁面是以誘人的文案請求訪客完成購買或登記。

- **Law of Diminishing Firms（公司遞減定律）**：由於摩爾定律及梅特卡菲定律的影響之下，專業分工、外包、策略聯盟、虛擬組織將比傳統業界來的更經濟及更有績效，形成一價值網路（Value Network），而使得公司的規模有遞減的現象。

- **Law of Disruption（擾亂定律）**：結合了「摩爾定律」與「梅特卡夫定律」的第二級效應，主要是指出社會、商業體制與架構以漸進的方式演進，但是科技卻以幾何級數發展，速度遠遠落後於科技變化速度，當這兩者之間的鴻溝愈來愈擴大，使原來的科技、商業、社會、法律間的平衡被擾亂，因此產生了所謂的失衡現象，就愈可能產生革命性的創新與改變。

- **LINE Pay**：主要以網路店家為主，將近 200 個品牌都可以支付，LINE Pay 支付的通路相當多元化，越來越多商家加入 LINE 購物平台，可讓您透過信用卡或現金儲值，信用卡只需註冊一次，同時支援線上與實體付款，而且 Line pay 累積點數非常快速，且許多通路都可以使用點數折抵。

- **Location Based Service，LBS（定址服務）**：或稱為「適地性服務」，就是行動行銷中相當成功的環境感知的創新應用，就是指透過行動隨身設備的各式感知裝置，例如當消費者在到達某個商業區時，可以利用手機快速查詢所在位置周邊的商店、場所以及活動等即時資訊。

- **Logistics（物流）**：是電子商務模型的基本要素，定義是指產品從生產者移轉到經銷商、消費者的整個流通過程，透過有效管理程序，並結合包括倉儲、裝卸、包裝、運輸等相關活動。

- **Long Tail Keyword（長尾關鍵字）**：是網頁上相對不熱門，不過也可以帶來搜索流量，但接近主要關鍵字的關鍵字詞。

- **Long Term Evolution，LTE（長期演進技術）**：是以現有的 GSM ／ UMTS 的無線通信技術為主來發展，不但能與 GSM 服務供應商的網路相容，用戶在靜止狀態的傳輸速率達 1 Gbps，而在行動狀態也可以達到最快的理論傳輸速度 170Mbps 以上，是全球電信業者發展 4G 的標準。例如各位傳輸 1 個 95M 的影片檔，只要 3 秒鐘就完成。

- **Machine Learning，ML（機器學習）**：機器通過演算法來分析數據、在大數據中找到規則，機器學習是大數據發展的下一個進程，可以發掘多資料元變動因素之間的關聯性，進而自動學習並且做出預測，充分利用大數據和演算法來訓練機器。

- **Marketing Mix（行銷組合）**：可以看成是一種協助企業建立各市場系統化架構的元素，藉著這些元素來影響市場上的顧客動向。美國行銷學學者麥卡錫教授（Jerome McCarthy）在 20 世紀的 60 年代提出了著名的 4P 行銷組合，所謂行銷組合的 4P 理論是指行銷活動的四大單元，包括產品（Product）、價格（Price）、通路（Place）與促銷（Promotion）等四項。

- **Market Segmentation（市場區隔）**：是指任何企業都無法滿足所有市場的需求，應該著手建立產品的差異化，行銷人員根據市場的觀察進行判斷，在經過分析市場的機會後，接著便在該市場中選擇最有利可圖的區隔市場，並且集中企業資源與火力，強攻下該市場區隔的目標市場。

- **Merchandise Turnover Rate（商品迴轉率）**：指商品從入庫到售出時所經過的這一段時間和效率，也就是指固定金額的庫存商品在一定的時間內週轉的次數和天數，可以作為零售業的銷售效率或商品生產力的指標。

- **Metcalfe's Law（梅特卡夫定律）**：是一種網路技術發展規律，也就是使用者越多，其價值便大幅增加，對原來的使用者而言，反而產生的效用會越大。

- **Metrics（指標）**：觀察項目量化後的數據被稱為「指標（metrics）」，也就是是進一步觀察該訪客的相關細節，這是資料的量化評估方式。舉例來說，「語言」維度可連結「使用者」等指標，在報表中就可以觀察到特定語言所有使用者人數的總計值或比率。

- **Micro Film（微電影）**：又稱為「微型電影」，它是在一個較短時間且較低預算內，把故事情節或角色 / 場景，以視訊方式傳達其理念或品牌，適合在短暫的休閒時刻或移動的情況下觀賞。

- **Mobile-Friendliness（行動友善度）**：就是讓行動裝置操作環境能夠盡可能簡單化與提供使用者最佳化行動瀏覽體驗，包括閱讀時的舒適程度，介面排版簡潔、流

暢的行動體驗、點選處是否有足夠空間、字體大小、橫向滾動需求、外掛程式是否相容等等。

- **Mixed Reality（混合實境）**：介於 AR 與 VR 之間的綜合模式，打破真實與虛擬的界線，同時擷取 VR 與 AR 的優點，透過頭戴式顯示器將現實與虛擬世界的各種物件進行更多的結合與互動，產生全新的視覺化環境，並且能夠提供比 AR 更為具體的真實感，未來很有可能會是視覺應用相關技術的主流。

- **Mobile Advertising（行動廣告）**：就是在行動平臺上做的廣告，與一般傳統與網路廣告的方式並不相同，擁有隨時隨地互動的特性與一般傳統廣告的方式並不相同。

- **Mobile Commerce，m-Commerce（行動商務）**：電商發展最新趨勢，不但促進了許多另類商機的興起，更有可能改變現有的產業結構。自從 2015 年開始，現代人人手一機，人們的視線已經逐漸從電視螢幕轉移到智慧型手機上，從網路優先（Web First）向行動優先（Mobile First）靠攏的數位浪潮上，而且這股行銷趨勢越來越明顯。

- **Mobile Marketing（行動行銷）**：主要是指伴隨著手機和其他以無線通訊技術為基礎的行動終端的發展而逐漸成長起來的一種全新的行銷方式，不僅突破了傳統定點式網路行銷受到空間與時間的侷限，也就是透過行動通訊網路來進行的商業交易行為。

- **Mobile Payment（行動支付）**：就是指消費者通過手持式行動裝置對所消費的商品或服務進行賬務支付的一種方式，很多人以為行動支付就是用手機付款，其實手機只是一個媒介，平板電腦、智慧手表，只要可以連網都可以拿來做為行動支付。

- **Moore's law（摩爾定律）**：表示電子計算相關設備不斷向前快速發展的定律，主要是指一個尺寸相同的 IC 晶片上，所容納的電晶體數量，因為製程技術的不斷提升與進步，每隔約十八個月會加倍，執行運算的速度也會加倍，但但製造成本卻不會改變。

- **Multi-Channel（多通路）**：是指企業採用兩條或以上完整的零售通路進行銷售活動，每條通路都能完成銷售的所有功能，例如同時採用直接銷售、電話購物或在 PChome 商店街上開店，也擁有自己的品牌官方網站，就是每條通路都能完成買賣的功能。

- **Native Advertising（原生廣告）**：一種讓大眾自然而然閱讀下去，不容易發現自己在閱讀廣告的廣告形式，讓訪客瀏覽體驗時的干擾降到最低，不僅傳達產品廣告訊息，也提升使用者的接受度。

- **Natural Language Processing，NLP（自然語言處理）**：就是讓電腦擁有理解人類語言的能力，也就是一種藉由大量的文本資料搭配音訊數據，並透過複雜的數學聲學模型（Acoustic model）及演算法來讓機器去認知、理解、分類並運用人類日常語言的技術。

- **Nav tag（nav 標籤）**：能夠設置網站內的導航區塊，可以用來連結到網站其他頁面，或者連結到網站外的網頁，例如主選單、頁尾選單等，能讓搜尋引擎把這個標籤內的連結視為重要連結。

- **Near Field Communication，NFC（近場通訊）**：是由 PHILIPS、NOKIA 與 SONY 共同研發的一種短距離非接觸式通訊技術，可在您的手機與其他 NFC 裝置之間傳輸資訊，例如手機、NFC 標籤或支付裝置，因此逐漸成為行動交易、行銷接收工具的最佳解決方案。

- **Network Economy（網路經濟）**：是一種分散式的經濟，帶來了與傳統經濟方式完全不同的改變，最重要的優點就是可以去除傳統中間化，降低市場交易成本，整個經濟體系的市場結構也出現了劇烈變化，這種現象讓自由市場更有效率地靈活運作。

- **Network Effect（網路效應）**：對於網路經濟所帶來的效應而言，有一個很大的特性就是產品的價值取決於其總使用人數，透過網路無遠弗屆的特性，一旦使用者數目跨過門檻，也就是越多人有這個產品，那麼它的價值自然越高，登時展開噴出行情。

- **New Visit（新造訪）**：沒有任何造訪紀錄的訪客，數字愈高表示廣告成功地吸引了全新的消費訪客。

- **Nofollow tag（nofollow 標籤）**：由於連結是影響搜尋排名的其中一項重要指標，nofollow 標籤就是用於向搜尋引擎表示目前所處網站與特定網站之間沒有關連，這個標籤是在告訴搜尋引擎，不要前往這個連結指向的頁面，也不要將這個連結列入權重。

- **Omni-Channel（全通路）**：全通路是利用各種通路為顧客提供交易平台，以消費者為中心的 24 小時營運模式，並且消除各個通路間的壁壘，以前所未見的速度與範圍連結至所有消費者，包括在實體和數位商店之間的無縫轉換，去真正滿足消費者的需要，提供了更客製化的行銷服務，不管是透過線上或線下都能達到最佳的消費體驗。

- **Online Analytical Processing，OLAP（線上分析處理）**：可被視為是多維度資料分析工具的集合，使用者在線上即能完成的關聯性或多維度的資料庫（例如資料倉儲）的資料分析作業並能即時快速地提供整合性決策。

- **Online and Offline（ONO）**：就是將線上網路商店與線下實體店面能夠高度結合的共同經營模式，從而實現線上線下資源互通，雙邊的顧客也能彼此引導與消費的局面。

- **Online Broker（線上仲介商）**：主要的工作是代表其客戶搜尋適當的交易對象，並協助其完成交易，藉以收取仲介費用，本身並不會提供商品，包括證券網路下單、線上購票等。

- **Online Community Provider，OCP（線上社群提供者）**：是聚集相同興趣的消費者形成一個虛擬社群來分享資訊、知識、甚或販賣相同產品。多數線上社群提供者會提供多種讓使用者互動的方式，可以為聊天、寄信、影音、互傳檔案等。

- **Online interacts with Offline（OIO）**：就是線上線下互動經營模式，近年電商業者陸續建立實體據點與體驗中心，即除了電商提供網購服務之外，並協助實體零售業者在既定的通路基礎上，可以給予消費者與商品面對面接觸，並且為消費者提供交貨或者送貨服務，彌補了電商平台經營服務的不足。

- **Offlinemobile Online（OMO 或 O2M）**：更強調的是行動端，打造線上－行動－線下三位一體的全通路模式，形成實體店家、網路商城、與行動終端深入整合行銷，並在線下完成體驗與消費的新型交易模式。

- **Online Service Offline（OSO）**：所謂 OSO（Online Service Offline）模式並不是線上與線下的簡單組合，而是結合 O2O 模式與 B2C 的行動電商模式，把用戶服務納入進來的新型電商運營模式即線上商城＋直接服務＋線下體驗。

- **Offline to Online（反向 O2O）**：從實體通路連回線上，消費者可透過在線下實際體驗後，透過 QR code 或是行動終端連結等方式，引導消費者到線上消費，並且在線上平台完成購買並支付。

- **Online to Offline（O2O）**：O2O 模式就是整合「線上（Online）」與「線下（Offline）」兩種不同平台所進行的一種行銷模式，也就是將網路上的購買或行銷活動帶到實體店面的模式。

- **On-Line Transaction Processing，OLTP（線上交易處理）**：是指經由網路與資料庫的結合，以線上交易的方式處理一般即時性的作業資料。

- **Organic Traffic（自然流量）**：指訪問者通過搜尋引擎，由搜尋結果進去你的網站的流量，通常品質是較好。

- **Page View，PV（頁面瀏覽次數）**：是指在瀏覽器中載入某個網頁的次數，如果使用者在進入網頁後按下重新載入按鈕，就算是另一次網頁瀏覽。簡單來說就是瀏覽的總網頁數。數字越高越好，表示你的內容被閱讀的次數越多。

- **Paid Search（付費搜尋流量）**：這類管道和自然搜尋有一點不同，它不像自然搜尋是免費的，反而必須付費的，例如 Google、Yahoo 關鍵字廣告（如 Google Ads 等關鍵字廣告），讓網站能夠在特定搜尋中置入於搜尋結果頁面，簡單的說，它是透過搜尋引擎上的付費廣告的點擊進入到你的網站。

- **Parallel Processing（平行處理）**：這種技術是同時使用多個處理器來執行單一程式，借以縮短運算時間。其過程會將資料以各種方式交給每一顆處理器，為了實現在多核心處理器上程式性能的提升，還必須將應用程式分成多個執行緒來執行。

- **PayPal**：是全球最大的線上金流系統與跨國線上交易平台，適用於全球 203 個國家，屬於 eBay 旗下的子公司，可以讓全世界的買家與賣家自由選擇購物款項的支付方式。

- **Pay Per Click，PPC（點擊數收費）**：就是一種按點擊數付費廣方式，是指搜尋引擎的付費競價排名廣告推廣形式，就是按照點擊次數計費，不管廣告曝光量多少，沒人點擊就不用付錢，多數新手都會使用單次點擊出價。

- **Pay per Mille，PPM（廣告千次曝光費用）**：這種收費方式是以曝光量計費也，就是廣告曝光一千次所要花費的費用，就算沒有產生任何點擊，只要千次曝光就會計費，這種方式對商家的風險較大，不過最適合加深大眾印象，需要打響商家名稱的廣告客戶，並且可將廣告投放於有興趣客戶。

- **Pop-Up Ads（彈出式廣告）**：當網友點選連結進入網頁時，會彈跳出另一個子視窗來播放廣告訊息，強迫使用者接受，並連結到廣告主網站。

- **Portal（入口網站）**：是進入 WWW 的首站或中心點，它讓所有類型的資訊能被所有使用者存取，提供各種豐富個別化的服務與導覽連結功能。當各位連上入口網站的首頁，可以藉由分類選項來達到各位要瀏覽的網站，同時也提供許多的服務，諸如：搜尋引擎、免費信箱、拍賣、新聞、討論等，例如 Yahoo、Google、蕃薯藤、新浪網等。

- **Porter five forces analysis（五力分析模型）**：全球知名的策略大師麥可‧波特（Michael E. Porter）於 80 年代提出以五力分析模型（Porter five forces analysis）

作為競爭策略的架構，他認為有 5 種力量促成產業競爭，每一個競爭力都是為對稱關係，透過這五力的分析，可以測知該產業的競爭強度與獲利潛力，並且有效的分析出客戶的現有競爭環境。五力分別是供應商的議價能力、買家的議價能力、潛在競爭者進入的能力、替代品的威脅能力、現有競爭者的競爭能力。

- **Positioning（市場定位）**：是檢視公司商品能提供之價值，向目標市場的潛在顧客介紹商品的價值。品牌定位是 STP 的最後一個步驟，也就是針對作好的市場區隔及目標選擇，為企業立下一個明確不可動搖的層次與品牌印象。

- **Pre-roll（插播廣告）**：影片播放之前的插播廣告。

- **Private Cloud（私有雲）**：是將雲基礎設施與軟硬體資源建立在防火牆內，以供機構或企業共享數據中心內的資源。

- **Public Cloud（公用雲）**：是透過網路及第三方服務供應者，提供一般公眾或大型產業集體使用的雲端基礎設施，通常公用雲價格較低廉。

- **Publisher（出版商）**：平台上的個體，廣告賣方，例如媒體網站 Blogger 的管理者，以提供網站固定版位給予廣告主曝光。例如 Facebook 發展至今，已經成為網路出版商（Online Publishers）的重要平台。

- **Quick Response Code，QR Code**：是在 1994 年由日本 Denso-Wave 公司發明，利用線條與方塊所除了文字之外，還可以儲存圖片、記號等相關資訊。QR Code 連結行銷相關的應用相當廣泛，可針對不同屬性活動搭配不同的連結內容。

- **Radio Frequency Identification，RFID（無線射頻辨識技術）**：是一種自動無線識別數據獲取技術，可以利用射頻訊號以無線方式傳送及接收數據資料，例如在所出售的衣物貼上晶片標籤，透過 RFID 的辨識，可以進行衣服的管理，例如全球最大的連鎖通路商 Wal-Mart 要求上游供應商在貨品的包裝上裝置 RFID 標籤，以便隨時追蹤貨品在供應鏈上的即時資訊。

- **Reach（觸及）**：一定期間內，個用來記錄廣告至少一次觸及到了多少人的總數。

- **Real-time bidding，RTB（即時競標）**：即時競標為近來新興的目標式廣告模式，相當適合強烈網路廣告需求的電商業者，由程式瞬間競標拍賣方式，廣告購買方對某一個曝光出價，價高者得標，贏家的廣告會馬上出現在媒體廣告版位，可以提升廣告主的廣告投放效益。至於無得標（Zero Win Rate）則是在即時競價（RTB）中，沒有任何特定廣告買主得標的狀況。

- **Referral（參照連結網址）**：Google Analytics 會自動識別是透過第三方網站上的連結而連上你的網站，這類流量來源則會被認定為參照連結網址，也就是從其他網站到我們網站的流量。

- **Referral Traffic（推薦流量）**：其他網站上有你的網站連結，訪客透過點擊連結，進去你的網站的流量。

- **Relationship Marketing（關係行銷）**：是以一種建構在「彼此有利」為基礎的觀念，強調銷售是關係的開始，而非交易的結束，發展出了解顧客需求，而進行顧客服務，以建立並維持與個別顧客的關係，謀求雙方互惠的利益。

- **Repeat Visitor（重複訪客）**：訪客至少有一次或以上造訪紀錄。

- **Responsive Web Design，RWD**：RWD 開發技術已成了新一代的電商網站設計趨勢，因為 RWD 被公認為是能夠對行動裝置用戶提供最佳的視覺體驗，原理是使用 CSS3 以百分比的方式來進行網頁畫面的設計，在不同解析度下能自動改變網頁頁面的佈局排版，讓不同裝置都能以最適合閱讀的網頁格式瀏覽同一網站，不用一直忙著縮小放大拖曳，給使用者最佳瀏覽畫面。

- **Retention time（停留時間）**：是指瀏覽者或消費者在網站停留的時間。

- **Return of Investment，ROI（投資報酬率）**：指通過投資一項行銷活動所得到的經濟回報，以百分比表示，計算方式為淨收入（訂單收益總額－投資成本）除以「投資成本」。

- **Return on Ad Spend，ROAS（廣告收益比）**：計算透過廣告所有花費所帶來的收入比率。

- **Revenue-per-mille，RPM（每千次觀看收益）**：代表每 1,000 次影片觀看次數，你所賺取的收益金額，RPM 就是為 YouTuber 量身訂做的制度，RPM 是根據多種收益來源計算而得，也就是 YouTuber 所有項目的總瀏覽量，包括廣告分潤、頻道會員、Premium 收益、超級留言和貼圖等等，主要就是概算出你每千次展示的可能收入，有助於你瞭解整體營利成效。

- **Revolving-door Effect（旋轉門效應）**：許多企業往往希望不斷的拓展市場，經常把焦點放在吸收新顧客上，卻忽略了手邊原有的舊客戶，如此一來，也就是費盡心思地將新顧客拉進來時，被忽略的舊用戶又從後門悄悄的溜走了。

- **Segmentation（市場區隔）**：是指任何企業都無法滿足所有市場的需求，應該著手建立產品的差異化，企業在經過分析市場的機會後，接著便在該市場中選擇最有利可圖的區隔市場，並且集中企業資源與火力，強攻下該市場區隔的目標市場。

- **Search Engine Results Page，SERP（搜尋結果頁面）**：是使用關鍵字，經搜尋引擎根據內部網頁資料庫查詢後，所呈現給使用者的自然搜尋結果的清單頁面，SERP的排名是越前面越好。

- **Search Engine Marketing，SEM（搜尋引擎行銷）**：指的是與搜尋引擎相關的各種直接或間接行銷行為，由於傳播力量強大，吸引了許許多多網路行銷人員與店家努力經營。廣義來說，也就是利用搜尋引擎進行數位行銷的各種方法，包括增進網站的排名、購買付費的排序來增加產品的曝光機會、網站的點閱率與進行品牌的維護。

- **Search Engine Optimization，SEO（搜尋引擎最佳化）**：也稱作搜尋引擎優化，是近年來相當熱門的網路行銷方式，就是一種讓網站在搜尋引擎中取得 SERP 排名優先方式，終極目標就是要讓網站的 SERP 排名能夠到達第一。

- **Secure Electronic Transaction，SET（安全電子交易機制）**：由信用卡國際大廠VISA 及 MasterCard，在 1996 年共同制定並發表的安全交易協定，並陸續獲得IBM、Microsoft、HP 及 Compaq 等軟硬體大廠的支持，加上 SET 安全機制採用非對稱鍵值加密系統的編碼方式，並採用知名的 RSA 及 DES 演算法技術，讓傳輸於網路上的資料更具有安全性。

- **Secure Socket Layer，SSL（網路安全傳輸協定）**：於 1995 年間由網景（Netscape）公司所提出，是一種 128 位元傳輸加密的安全機制，目前大部分的網頁伺服器或瀏覽器，都能夠支援 SSL 安全機制。

- **Service Provider（服務提供者）**：是比傳統服務提供者更有價值、便利與低成本的網站服務，收入可包括訂閱費或手續費。例如翻開報紙的求職欄，幾乎都被五花八門分類小廣告佔領所有廣告版面，而一般正當的公司企業，除了偶爾刊登求才廣告來塑造公司形象外，大部分都改由網路人力銀行中尋找人才。

- **Session（工作階段）**：工作階段（Session）代表指定的一段時間範圍內在網站上發生的多項使用者互動事件；舉例來說，一個工作階段可能包含多個網頁瀏覽、滑鼠點擊事件、社群媒體連結和金流交易。當一個工作階段的結束，可能就代表另一個工作階段的開始。一位使用者可開啟多個工作階段。

- **Sharing Economy（共享經濟）**：這種模式正在日漸成長，共享經濟的成功取決於建立互信，以合理的價格與他人共享資源，同時讓閒置的商品和服務創造收益，讓有需要的人得以較便宜的代價借用資源。

- **Shopping Cart Abandonment，CTAR（購物車放棄率）**：是指顧客最後拋棄購物車的數量與總購物車成交數量的比例。

- **Six Degrees of Separation（六度分隔理論）**：哈佛大學心理學教授米爾格藍（Stanley Milgram）所提出的「六度分隔理論」（Six Degrees of Separation，SDS）運作，是說在人際網路中，要結識任何一位陌生的朋友，中間最多只要通過六個朋友就可以。換句話說，最多只要透過六個人，你就可以連結到全世界任何一個人。例如像 Facebook 類型的 SNS 網路社群就是六度分隔理論的最好證明。

- **Social Media Marketing（社群行銷）**：就是透過各種社群媒體網站，讓企業吸引顧客注意而增加流量的方式。由於大家都喜歡在網路上分享與交流，透過朋友間的串連、分享、社團、粉絲頁與動員令的高速傳遞，創造了互動性與影響力強大的平台，進而提高企業形象與顧客滿意度，並間接達到產品行銷及消費，所以被視為是便宜又有效的行銷工具。

- **Social Networking Service，SNS（社群網路服務）**：Web 2.0 體系下的一個技術應用架構，隨著各類部落格及社群網站（SNS）的興起，網路傳遞的主控權已快速移轉到網友手上，從早期的 BBS、論壇，一直到近期的部落格、Plurk（噗浪）、Twitter（推特）、Pinterest、Instagram、微博、Facebook 或 YouTube 影音社群，主導了整個網路世界中人跟人的對話。

- **Social、Location、Mobile，SoLoMo（SoLoMo 模式）**：是由 KPCB 合夥人約翰、杜爾（John Doerr）在 2011 年提出的一個趨勢概念，強調「在地化的行動社群活動」，主要是因為行動裝置的普及和無線技術的發展，讓 Social（社交）、Local（在地）、Mobile（行動）三者合一能更為緊密結合，顧客會同時受到社群（Social）、行動裝置（Mobile）、以及本地商店資訊（Local）的影響，稱為 SOMOLO 消費者。

- **Social Traffic（社交媒體流量）**：社交（Social）媒體是指透過社群網站的管道來拜訪你的網站的流量，例如 Facebook、IG、Google+，當然來自社交媒體也區分為免費及付費，藉由這些管量的流量分析，可以作為投放廣告方式及預算的決策參考。

- **Spam（垃圾郵件）**：網路上亂發的垃圾郵件之類的廣告訊息。

- **Spark**：Apache Spark，是由加州大學柏克萊分校的 AMPLab 所開發，是目前大數據領域最受矚目的開放原始碼（BSD 授權條款）計畫，Spark 相當容易上手使用，可以快速建置演算法及大數據資料模型，目前許多企業也轉而採用 Spark 做為更進階的分析工具，也是目前相當看好的新一代大數據串流運算平台。

- **Start Page（起始網頁）**：訪客用來搜尋您網站的網頁。

- **Stay at Home Economic（宅經濟）**：這個名詞迅速火紅，在許多報章雜誌中都可以看見它的身影，「宅男、宅女」這名詞是從日本衍生而來，指許多整天呆坐在家中看 DVD、玩線上遊戲等地消費群，在這一片不景氣當中，宅經濟帶來的「宅」商機卻創造出另一個經濟奇蹟，也為遊戲產業注入一股新的活水。

- **Streaming Media（串流媒體）**：是近年來熱門的一種網路多媒體傳播方式，它是將影音檔案經過壓縮處理後，再利用網路上封包技術，將資料流不斷地傳送到網路伺服器，而用戶端程式則會將這些封包一一接收與重組，即時呈現在用戶端的電腦上，讓使用者可依照頻寬大小來選擇不同影音品質的播放。

- **Structured Data（結構化資料）**：則是目標明確，有一定規則可循，每筆資料都有固定的欄位與格式，偏向一些日常且具有重覆性的工作，例如薪資會計作業、員工出勤記錄、進出貨倉管記錄等。

- **Structured Schema（結構化資料）**：是指放在網站後台的一段 HTML 中程式碼與標記，用來簡化並分類網站內容，讓搜尋引擎可以快速理解網站，好處是可以讓搜尋結果呈現最佳的表現方式，然後依照不同類型的網站就會有許多不同資訊分類，例如在健身網頁上，結構化資料就能分類工具、體位和體脂肪、熱量、性別等內容。

- **Supply Chain（供應鏈）**：觀念源自於物流（Logistics），目標是將上游零組件供應商、製造商、流通中心，以及下游零售商上下游供應商成為夥伴，以降低整體庫存之水準或提高顧客滿意度為宗旨。

- **Supply Chain Management，SCM（供應鏈管理）**：理論的目標是將上游零組件供應商、製造商、流通中心，以及下游零售商上下游供應商成為夥伴，以降低整體庫存之水準或提高顧客滿意度為宗旨。如果企業能作好供應鏈的管理，可大為提高競爭優勢，而這也是企業不可避免的趨勢。

- **Supply Side Platform，SSP（供應方平台）**：幫助網路媒體（賣方，如部落格、FB 等），託管其廣告位和廣告交易，就是擁有流量的一方，出版商能夠在 SSP 上管理自己的廣告位，可以獲得最高的有效展示費用。

- **SWOT Analysis（SWOT 分析）**：是由世界知名的麥肯錫咨詢公司所提出，又稱為態勢分析法，是一種很普遍的策略性規劃分析工具。當使用 SWOT 分析架構時，可以從對企業內部優勢與劣勢與面對競爭對手所可能的機會與威脅來進行

分析，然後從面對的四個構面深入解析，分別是企業的優勢（Strengths）、劣勢（Weaknesses）、與外在環境的機會（Opportunities）和威脅（Threats），就此四個面向去分析產業與策略的競爭力。

- **Target Audience，TA（目標受眾）**：又稱為目標顧客，是一群有潛在可能會喜歡你品牌、產品或相關服務的消費者，也就是一群「對的消費者」。

- **Targeting（市場目標）**：是指完成了市場區隔後，我們就可以依照我們的區隔來進行目標的選擇，把這適合的目標市場當成你的最主要的戰場，將目標族群進行更深入的描述，設定那些最可能族群，從中選擇適合的區隔做為目標對象。

- **Target Keyword（目標關鍵字）**：就是網站確定的主打關鍵字，也就是網站上目標使用者搜索量相對最大與最熱門的關鍵字，會為網站帶來大多數的流量，並在搜尋引擎中獲得排名的關鍵字。

- **The Long Tail（長尾效應）**：克裡斯·安德森（Chris Anderson）於 2004 年首先提出長尾效應（The Long Tail）的現象，也顛覆了傳統以暢銷品為主流的觀念，過去一向不被重視，在統計圖上像尾巴一樣的小眾商品，因為全球化市場的來臨，即眾多小市場匯聚成可與主流大市場相匹敵的市場能量，可能就會成為具備意想不到的大商機，足可與最暢銷的熱賣品匹敵。

- **The Sharing Economy（共享經濟）**：這樣的經濟體系是讓個人都有額外創造收入的可能，就是透過網路平台所有的產品、服務都能被大眾使用、分享與出租的概念，例如類似計程車「共乘服務」（Ride-sharing Service）的 Uber。

- **The Two Tap Rule（兩次點擊原則）**：一旦你打開你的 APP，如果要點擊兩次以上才能完成使用程序，就應該馬上重新設計。

- **Third-Party Payment（第三方支付）**：就是在交易過程中，除了買賣雙方外由具有實力及公信力的「第三方」設立公開平台，做為銀行、商家及消費者間的服務管道代收與代付金流，就可稱為第三方支付。第三方支付機制建立了一個中立的支付平台，為買賣雙方提供款項的代收代付服務。

- **Traffic（流量）**：是指該網站的瀏覽頁次（Page view）的總合名稱，數字愈高表示你的內容被點擊的次數越高。

- **Trueview（真實觀看）**：通常廣告出現 5 秒後便可以跳過，但觀眾一定要看滿 30 秒才有算有效廣告，這種廣告被稱為「Trueview」（真實觀看），YouTube 會向廣告主收費後，才會分潤給 YouTuber。

- **Trusted Service Manager，TSM（信任服務管理平台）**：是銀行與商家之間的公正第三方安全管理系統，也是一個專門提供 NFC 應用程式下載的共享平台，主要負責中間的資料交換與整合，在台灣建立 TSM 平台的業者共有四家，商家可向 TSM 請款，銀行則付款給 TSM。

- **Ubiquinomics（隨經濟）**：盧希鵬教授所創造的名詞，是指因為行動科技的發展，讓消費時間不再受到實體通路營業時間的限制，行動通路成了消費者在哪裡，通路即在哪裡，消費者隨時隨處都可以購物。

- **Ubiquity（隨處性）**：能夠清楚連結任何地域位置，除了隨處可見的行銷訊息，還能協助客戶隨處了解商品及服務，滿足使用者對即時資訊與通訊的需求。

- **Unstructured Data（非結構化資料）**：是指那些目標不明確，不能數量化或定型化的非固定性工作、讓人無從打理起的資料格式，例如社交網路的互動資料、網際網路上的文件、影音圖片、網路搜尋索引、Cookie 紀錄、醫學記錄等資料。

- **Upselling（向上銷售、追加銷售）**：鼓勵顧客在購買時是最好的時機進行追加銷售，能夠銷售出更高價或利潤率更高的產品，以獲取更多的利潤。

- **Unique Page view（不重複瀏覽量）**：是指同一位使用者在同一個工作階段中產生的網頁瀏覽，也代表該網頁獲得至少一次瀏覽的工作階段數（或稱拜訪次數）。

- **Unique User，UV（不重複訪客）**：在特定的時間內時間之內所獲得的不重複（只計算一次）訪客數目，如果來造訪網站的一台電腦用戶端視為一個不重複訪客，所有不重複訪客的總數。

- **Uniform Resource Locator，URL（全球資源定址器）**：主要是在 WWW 上指出存取方式與所需資源的所在位置來享用網路上各項服務，也可以看成是網址。

- **User（使用者）**：在 GA 中，使用者指標是用識別使用者的方式（或稱不重複訪客），所謂使用者通常指同一個人，「使用者」指標會顯示與所追蹤的網站互動的使用者人數。例如如果使用者 A 使用「同一部電腦的相同瀏覽器」在一個禮拜內拜訪了網站 5 次，並造成了 12 次工作階段，這種情況就會被 Google Analytics 紀錄為 1 位使用者、12 次工作階段。

- **User Generated Content，UCG（使用者創作內容）**：是代表由使用者來創作內容的一種行銷方式，這種聚集網友創作來內容，也算是近年來蔚為風潮的內容行銷手法的一種。

- **User Interface，UI（使用者介面）**：是一種虛擬與現實互換資訊的橋樑，以浩瀚的網際網路資訊來說，UI 是人們真正會使用的部分，它算是一個工具，用來和電腦做溝通，以便讓瀏覽者輕鬆取得網頁上的內容。

- **User Experience，UX（使用者體驗）**：著重在「產品給人的整體觀感與印象」，這印象包括從行銷規劃開始到使用時的情況，也包含程式效能與介面色彩規劃等印象。所以設計師在規劃設計時，不單只是考慮視覺上的美觀清爽而已，還要考慮使用者使用時的所有細節與感受。

- **Urchin Tracking Module，UTM**：UTM 是發明追蹤網址成效表現的公司縮寫，作法是將原本的網址後面連接一段參數，只要點擊到帶有這段參數的連結，Google Analytics 都會記錄其來源與在網站中的行為。

- **Video On Demand，VoD（隨選視訊）**：是一種嶄新的視訊服務，使用者可不受時間、空間的限制，透過網路隨選並即時播放影音檔案，並且可以依照個人喜好「隨選隨看」，不受播放權限、時間的約束。

- **Viral Marketing（病毒式行銷）**：身處在數位世界，每個人都是一個媒體中心，可以快速的自製並上傳影片、圖文，行銷如病毒般擴散，並且一傳十、十傳百地快速轉寄這些精心設計的商業訊息，病毒行銷要成功，關鍵是內容必須在「吵雜紛擾」的網路世界脫穎而出，才能成功引爆話題。

- **Virtual Hosting（虛擬主機）**：是網路業者將一台伺服器分割模擬成為很多台的「虛擬」主機，讓很多個客戶共同分享使用，平均分攤成本，也就是請網路業者代管網站的意思，對使用者來說，就可以省去架設及管理主機的麻煩。

- **Virtual Reality Modeling Language，VRML（虛擬實境技術）**：是一種程式語法，主要是利用電腦模擬產生一個三度空間的虛擬世界，提供使用者關於視覺、聽覺、觸覺等感官的模擬，利用此種語法可以在網頁上建造出一個 3D 的立體模型與立體空間。VRML 最大特色在於其互動性與即時反應，可讓設計者或參觀者在電腦中就可以獲得相同的感受，如同身處在真實世界一般，並且可以與場景產生互動，360 度全方位地觀看設計成品。

- **Visibility（廣告能見度）**：廣告的能見度就是指廣告有沒有被網友給看到，也就是確保廣告曝光的有效性，例如以 IAB ／ MRC 所制定的基準，是指影音廣告有 50% 在持續播放過程中至少可被看見兩秒。

- **Voice Assistant（語音助理）**：就是依據使用者輸入的語音內容、位置感測而完成相對應的任務或提供相關服務，讓你完全不用動手，輕鬆透過說話來命令機器打電話、聽音樂、傳簡訊、開啟 App、設定鬧鐘等功能。

- **Virtual YouTuber，VTuber（虛擬頻道主）**：他們不是真人，而是以虛擬人物（如動畫、卡通人物）來進行 YouTube 平台相關的影音創作與表現。

- **Web Analytics（網站分析）**：所謂網站分析就是透過網站資料的收集，進一步作為種網站訪客行為的研究，接著彙整成有用的圖表資訊，透過這些所得到的資訊與關鍵績效指標來加以判斷該網站的經營情況，以作為網站修正、行銷活動或決策改進的依據。

- **Webinar**：是指透過網路舉行的專題討論或演講，稱為「網路線上研討會」（Web Seminar 或 Online Seminar），目前多半可以透過社群平台的直播功能，提供演講者與參與者更多互動的新式研討會。

- **Website（網站）**：就是用來放置網頁（Page）及相關資料的地方，當我們使用工具設計網頁之前，必須先在自己的電腦上建立一個資料夾，用來儲存所設計的網頁檔案，而這個檔案資料夾就稱為「網站資料夾」。

- **White hat SEO（白帽 SEO）**：所謂白帽 SEO（White hat SEO）是腳踏實地來經營 SEO，也就是以正當方式優化 SEO，核心精神是只要對用戶有實質幫助的內容，排名往前的機會就能提高，例如加速網站開啟速度、選擇適合的關鍵字、優化使用者體驗、定期更新貼文、行動網站優先、使用較短的 URL 連結等。

- **Widget Ad**：是一種桌面的小工具，可以在電腦或手機桌面上獨立執行，讓店家花極少的成本，就可迅速匯集超人氣，由於手機具有個人化的優勢，算是目前市場滲透率相當高的行銷裝置。

專案經理雜誌 PM Magazine

專案職人SHOW

臉書直播 ｜ 人物專訪

每月第四週禮拜四
晚上21：00準時開播

專案管理，是工作與生活的新態度
它不經意地讓你轉換思維，往更優質的方向前進

來自不同領域的專案職人分享
每件事，其實都可以很「專案管理」

真人真事上映，與「專」家近距離接觸

精彩回顧

致伸科技智慧介面裝置事業部協理
蔡昆男

效率百分百！
2步驟強化專案經理效率！

Odd-e Agile Coach
柯仁傑

敏捷三叔公傳授敏捷秘笈
讓你躍升為敏捷高手！

AgileGirls創辦人
廖予暄

持續嘗試遇見更好的自己！
敏捷職場新女力

專案職人SHOW影片

鎖定FB

賦力國際企管顧問有限公司創辦人
王一郎

建立高績效團隊
先從培養團隊力開始

兩岸人資專家
林娟

兩岸人資長的用人哲學

艾富資訊股份有限公司總經理
郭慶龍

混合式專案管理方法
可以更貼近使用者角度

成為《專案經理》粉絲

掌握專案管理新知及趨勢脈動，提升專案力

最有趣的影音訊息　最便利的粉絲平台　最豐富的精彩內容

立即加入專屬平台《專案經理》雜誌 隨時與你同在

①	②	③
LINE@	Facebook	YouTube
線上客服一對一 好康活動不漏接	專案新知來貼文 管理知識愛分享	影像傳遞知識庫 專案管理一把罩

客服信箱　reader@mail.pm-mag.net　電話 07-588-8028　傳真 07-588-8866　服務時間 週一～週五